シリーズ21世紀の農学

地球温暖化問題への農学の挑戦

日本農学会編

養賢堂

目　次

はじめに ･･･ iii
第1章　　地球温暖化の現状と対処：土地を守る人への期待 ･･････････ 1
第2章　　気候変化がイネを中心とした作物栽培
　　　　　におよぼす影響と適応策 ･･････････････････････････････ 27
第3章　　地球温暖化が水産資源に与える影響 ･･････････････････････ 49
第4章　　農業におけるLCA―農の温暖化評価とその活用― ･･･････ 75
第5章　　バイオ燃料生産と国際食糧需給問題 ･････････････････････ 97
第6章　　バイオ燃料と食糧との競合と農業問題 ･･････････････････ 115
第7章　　農耕地からの温室効果ガス発生削減の可能性 ･･････････････ 127
第8章　　わが国での反すう家畜の消化管内発酵に
　　　　　由来するメタンについて ･････････････････････････････ 149
第9章　　森林分野の温暖化緩和策 ･････････････････････････････ 169
第10章　　炭素貯留源としての木材の役割と持続的・循環的
　　　　　な国産材利用 ･･･････････････････････････････････････ 185
シンポジウムの概要 ･･ 203
著者プロフィール ･･ 209

はじめに

鈴木　昭憲
日本農学会会長

　日本農学会は，農学に関する専門学会の連合協力により，農学およびその技術の進歩発達に貢献することを目指し，広義の農学系分野の学協会連合体として，昭和4年(1929)に設立されました．ところで，地球環境および資源の有限性が明白になった21世紀においては，資源循環型社会の創造は全人類的課題でありますが，それは日本農学会の目指す農学の課題でもあります．

　農学というと，一般に農業に直接関係する学問のみを意味すると誤解されがちですが，それは狭義の農学です．日本農学会の対象とする農学とは，狭義の農学，林学，水産，獣医学等はもとより，広く生物生産，環境，資源，バイオテクノロジー等に関わる基礎から応用にいたる広範な学問全般を含んでいます．すなわち，日本農学会は，農学が人類の生存と発展に貢献することを究極の目標に，自然科学と社会科学の基礎から応用までの幅広い分野を包含する総合科学としての農学の発展と普及を指命としています．

　さて，日本農学会では，日本の農学が当面する課題をテーマに掲げ，それに精通した専門家に講演を依頼し，若手研究者や農学に関心を持つ一般の方々を対象としたシンポジウムを平成17年度から毎年開催しております．2008年度は，「地球温暖化問題への農学の挑戦」を統一テーマとしてシンポジウムを開催することにいたしました．

　気候変動に関する政府間パネル(IPCC)は，2007年2月，その第4次評価報告書の中で「温暖化はすでに起こっており，その原因は人間活動による温室効果ガスの増加である」とほぼ断定しました．今後，人類はこれまで経験

したことのない温暖化時代に突入すると予測されますが,農学分野においては,二方向から,その対応策が求められています.その一は,温暖化がもたらす農業への影響にいかに対応するかということ,その二は,農学研究を通じて,地球温暖化を防止することであります.農林水産業は食料生産を担う重要な産業でありますが,一方で温室効果ガス排出を増加させてきた側面も持っています.今後,人類が持続可能な発展を目指すには,農林水産業においても温室効果ガス排出量を削減することが重要であります.そのため,食料生産システムを温暖化する気候に適応させること,また,CO_2収支に関して中立的な代替燃料として期待され,その需要が高まっているバイオマスエネルギーの増産に伴う種々の問題なども,農学における重要な研究課題であります.本シンポジウムでは,これら地球温暖化に関わる多様なトピックスが紹介され,農学分野からはどのような対応が可能かについての議論が行われました.ここに,シンポジウムにおける講演と討論の概要をできるだけ平易にまとめ「シリーズ21世紀の農学」シリーズの1冊として刊行いたしました.

本書によって,「地球温暖化問題」という人類にとって重要な問題に対する社会の理解が一段と深まることを期待いたしております.

第1章
地球温暖化の現状と対処：
土地を守る人への期待

西岡 秀三

(独) 国立環境研究所特別客員研究員

1. はじめに：
気候変化対処は持続可能社会への第一関門

　人為原因による気候変化が進行し，すでに自然を変化させつつあり，人間社会へも影響を及ぼしていることが明白になった．気候の安定化をめざして，世界は「低炭素社会」に向けて大きな転換の時期を迎えることになる．

　温暖化問題は，地球の自然環境資源は有限であるということを世界全体で認識する機会となった．水資源の逼迫，大気の変容，飢餓，熱帯林の破壊，生物多様性の減少など個別に各地域で起きている現象に対する問題意識はそれぞれに報告されてきたが，それらは個別に対応するものとしてばらばらに扱われてきた．

　気候変化の問題は，一体としての地球自然の持つ意味を世界が一緒に考えさせるきっかけとなった．なぜなら，気候は人間を含むすべての自然の基盤だからである．1万年前に氷期から温暖期に入って以来，変動がありながらも比較的安定した気候の下で，世界それぞれの地域で自然環境がそれぞれに形成され，そのもとで人々はその環境を使いこなして生産・生活を営んできた．その基盤が世界で一気に崩れようとしているのである．場所それぞれに気候変化の影響の現れ方は違うが，現状が変わってゆくことの問題は共通である．

もうひとつの理由は，その気候が地球全体で，世界でつながっていることである．誰かがどこかで温室効果ガスをどんどん排出して気候を変えると，その影響は世界的に広がる．すなわち気候は，世界全員・全自然の共有財産である．安定な気候を維持するには，他の人が温室効果ガス排出削減に努力しているのを尻目に自分だけが温室効果ガスを排出して儲けようとする「ただ乗り＝フリーライダー」を許さない，世界全員での約束つくりが必要になってきたのである．

　気候変化への対処は，持続可能な社会への最初の関門である．持続可能な社会は飢餓・貧困の撲滅，公平性の確保などを目標とするが，気候変化はその基盤である食料・水資源を脅かすから，持続可能な社会形成の最初の一歩としてどうしてもクリアしなければならない関門なのである．

　H. Dalyによる持続可能社会の要件は，①すべての資源利用速度を，最終的に廃棄物を生態系が吸収しうる速さにまで制限する，②再生可能資源を，資源を再生する生態系の能力を超えない水準で利用する，③再生不可能な資源を，可能な限り，再生可能な代替資源の開発速度を超えない水準で使用する，である．気候を安定化するには，化石燃料という資源の利用を，最終的にその燃焼利用後の廃棄物である二酸化炭素を陸上・海洋の生態系が吸収できる量までに制限するしかない（第3節参照）．最終的にはゼロエミッションにゆかねばならない．まさに①の条件がいるのである．バイオマスの利用がひとつの解決方法であるが，その年間利用量はバイオマスの再生産量を上回ってはならないし，植林なしに使いまくることは許されない．これは②の要件である．石油資源は後世代のために取っておくべきで，今の利用量は太陽エネルギーでの供給が確実に維持される分以下にとどめなければならない．これは③の要件である．このように当てはめてみると，今，低炭素社会のために要求されている気候変化抑制の手段は，まさに持続可能な社会が要求する要件なのである．気候安定化の努力は持続可能な社会構築の「さきがけ」であり，人智が試される一歩であるといえよう．

　2007年，気候変動に関する政府間パネル（IPCC）が第4次報告書をだし，気候変動がかなり進んでいると警告し，早目の対策による抑止の可能性を示

した．対応のための国際的話し合いの場である国連気候変動枠組み条約は，京都議定書約束期間である2008〜2012年の後の国際枠組みを，2009年コペンハーゲンであらたにすべく，目下交渉に入っている．2008年洞爺湖G8サミットでは，米国を含むG8先進国が，温室効果ガスをどれだけ削減するかの総量数値目標を掲げて減らすことに合意．途上国もなり行きのままの排出よりも削減する努力をするとサミット直後の主要経済国会議（MEM）で合意した．このように，世界で急速に，今後大きく温室効果ガス排出をへらした「低炭素社会」に移行する流れができあがってきた．

後述するように，この転換は狩猟採集時代からの農耕革命，人の力を数倍に増幅した産業革命などに匹敵するほどの大転換で，これまでのエネルギー技術社会からは正反対的方向への脱皮であり，自然環境資源を如何に賢く使って行けるかが，今後の腕の見せどころとなる．とすると，自然環境資源にもっとも近い農業や林業といった「土地を守る人」が果たす役目はきわめて大きいことは明らかである．

2．科学が示す温暖化への対応の必要性

IPCC第4次報告などが示した以下の科学的認識は，早急な対応を要請するものになった．

（1）気候変化が加速されている

気候変化に関し，1970年代より集中研究が開始され，1980年代にその重要性が認識され世界規模での観測や研究が強化された結果，2000年代に入って，地球平均温度上昇が加速していること（この100年で0.74℃上昇，この50年では速度は倍になっている），その影響が世界各地の自然環境に既に現れ始めたことが認識された．これまでに積み重ねられてきた地球の物理・生物学的変化の観測集約でようやく全体像がつかめるまでになったが，そのふたを開けてみると予想より早く変化と影響が進行していた，といってよい．観測は速報値が可能であるが，一般的にIPCCの報告は，関連専門学会審査を経た論文しか対象にしないし，IPCC報告書自体のレビューに2年かかる

ことから,現時の進行に遅れをとる傾向にある.第4次報告書のあとにも,グリーンランドや南極氷床のすべり出のメカニズムが注目を浴び,北氷洋の解氷が予測より早まっていることなどが報告されている.2007年に予定される第5次報告以前の科学的成果にも目を配っておく必要がある.

(2) 気候変化の原因は人間活動にある

また,この間の気候に関するプロセス研究,観測,予測モデルと計算機技術の発展で,20世紀半ば以降に観測された温度上昇のほとんどは(自然起源ではなく),化石燃料燃焼から生じる二酸化炭素や農業活動からのメタンなど人間活動から発生する温室効果ガスによってもたらされた可能性がかなり高い(90％の確度)とされた.この判断は,科学的不確実性を理由に抑制行動を拒否することはもうできない状況を作った.いまだ自然起源説が市中で多く唱えられていて,先には米国政権の無対応の根拠になってきたため,世

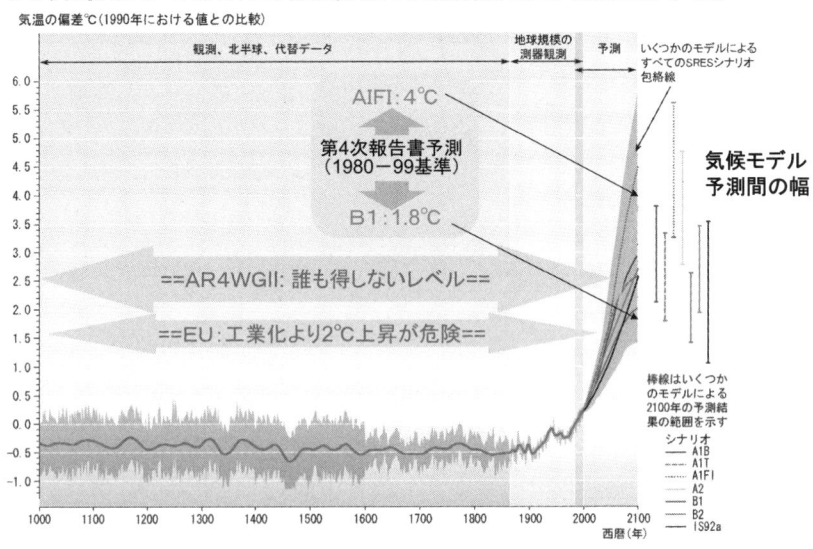

図1.1 気候変化の予測

界は対応を大きく遅らせてしまったのであるが，そのような言説を頼りに抑止に踏み切らないことの危険，何もしないことによるリスクが明確になりつつある．

(3) 今の濃度でもあと20年間温度は上がり続ける

　地球気候システムには大きな慣性がある．もういったん変わり始めた気候は，すぐにはもとに戻らない．上がり始めた温度はたとえすべての放射強制力の要因が2000年の水準で保持された場合でも，海洋の応答が遅いことで，それ以降の20年間，気温は10年当たり約0.1℃の割合で上昇し続ける．今の排出状況では10年当たり0.2℃で上がる．今もすでに気温上昇で生態系に影響が出ているが，この状態はもうとめようがなくなっている．であるから，当面は気候変化があることを前提に，変化に順応してゆくこと，「適応策」をとらねばならないことが明白になった．しかしいつまでも適応はできない．抑止策を手抜きにしてはならない．

(4) 予測の不確実性は残る

　このままの温室効果ガス排出が続くと，2100年には4℃（2.4〜6.4℃の幅）の上昇となるが，早めの社会構造転換で1.8℃（1.1〜2.9℃）程度に抑えることができるとも予測されている．しかし，温室効果ガス濃度に対する温度上昇の割合（気候感度）が気候予測モデルごとに異なるのであるが，その値がモデル科学の進歩とともに大きいほうにずれてきている，すなわちこれまでの温度上昇予測が低すぎたのではないか，という懸念も出てきている．気候モデルによる予測に関しては，多くの研究結果が一致した方向を示しているが（図1.1），雲やエアロゾルの放射強制力の取り扱い，炭素循環における正のフィードバックの可能性など，いまだ不確実性が残っており，気候システムのもつ慣性から来る「おくれ」とあわせて，対応のタイミング，予防的措置，適応策を考える上での課題になっている．

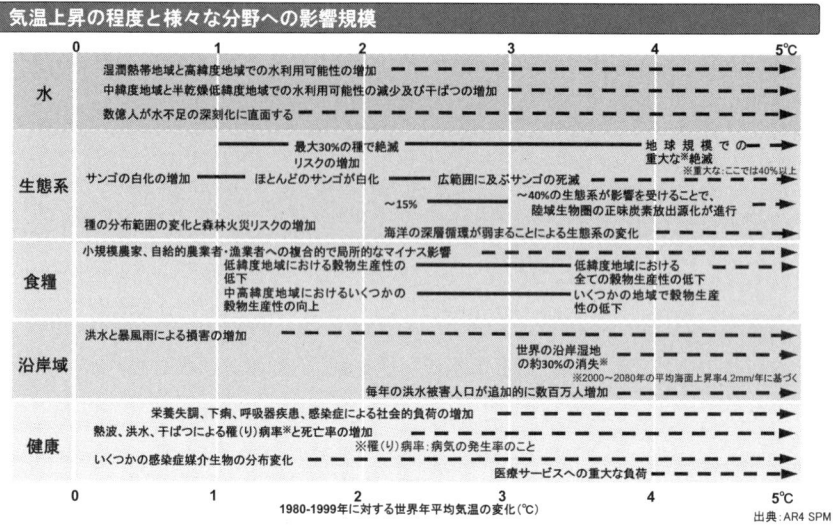

図1.2 温度上昇にしたがって影響は深刻化する

(5) 気候変化の影響は甚大である

　気候変化の下で，自然や社会へのさまざまな影響が徐々に強まってゆくと予想される．影響は現在でも脆弱な貴重な生態系，途上国社会から始まり，水資源，農業，疫病など人間生存基盤に及ぶ．これに対して自然・人間社会とも一部は適応する能力を持つが，排出制限なしではかなり甚大な被害が予測される（図1.2）（Box 1.1）．また，21世紀中には起こらないと考えられてはいるが，南極氷棚の崩壊，グリーンランド氷床の融解など急激変化の生起確率が増加する．日本でも環境省研究費のグループが，わが国のコメの収量は，北日本では増収，近畿以西の南西日本では現在とほぼ同じかやや減少する．さらにコメの品質低下，他の穀物や果樹などの生産適地の北上や減収によって農業に大きな影響が及ぶとしており，気候変化，世界人口増による需要増，投機による価格高騰，バイオ燃料への転用などが重なれば，日本での食糧供給に関しても影響が生じる可能性がある，としている．

Box 1.1 温暖化による世界的分野毎の影響
・淡水資源への影響：今世紀半ばまでに年間平均河川流量と水の利用可能性は，高緯度および幾つかの湿潤熱帯地域において10〜40％増加し，多くの中緯度および乾燥熱帯地域において10〜30％減少すると予測される．
・生態系への影響：多くの生態系の回復力（resilience）が気候変化とそれに伴う撹乱およびその他の変動要因が同時に発生することにより今世紀中に追いつかなくなる可能性が高い．
―植物および動物種の約20〜30％は，全球平均気温の上昇が1.5〜2.5℃を超えた場合，絶滅のリスクが増加する可能性が高い．
―今世紀半ばまでに陸上生態系による正味の炭素吸収はピークに達し，その後，弱まる，あるいは，排出に転じる可能性が高く，これは，気候変化を増幅する．
・サンゴ礁への影響：約1〜3℃の海面温度の上昇により，サンゴの温度への適応や気候馴化がなければ，サンゴの白化や広範囲な死滅が頻発すると予測されている．
・農業・食料への影響：世界的には，潜在的な食料生産量は，地域の平均気温の1〜3℃までの上昇幅では増加すると予測されているが，それを超えて上昇すれば，減少に転じると予測される．
・沿岸域への影響：2080年代までに，海面上昇により，毎年の洪水被害人口が追加的に数百万人増えると予測されている．洪水による影響を受ける人口はアジア・アフリカのメガデルタが最も多いが，一方で，小島嶼は特に脆弱である．

日本でも温暖化が進むと起こるとされる事象が2000年以降顕著になっている．
　高温による農産物の収量減少や品質低下
　ブナ等樹木の衰退や高山植物の減少
　湖の鉛直循環停滞による生態系の変化
　淡水域における冷水魚の分布域の縮小
　猛暑による熱中症患者の増加
　感染症を媒介する蚊の分布域の拡大等
　記録的少雨による断水
　台風による高潮被害
　記録的豪雨による浸水被害

(6) 地球平均で2～3℃の温度上昇が許容限度か

IPCCでは，将来の気候変化の影響は，地域によってまちまちであり，世界平均気温の上昇が1990年レベルから1～3℃未満である場合，便益とコストが地域・分野で混在するが，気温2～3℃以上の上昇でどの地域も恩恵が減るか損失が増える．4℃の温暖化が起こると，途上国はより多くのパーセントの損失を経験すると予想される一方，世界平均損失はGDPの1～5％となり得る．ただし，世界で合算した数値は，多くの定量化できない影響を含めることができないため，過小評価である可能性が非常に高い，と報告している．

どの温度上昇レベルで安定化するかで，温室効果ガス排出抑制の緊急性や道筋の取り方に大きな違いをもたらすから，これは国際交渉での大前提である．しかし気候変化がどこまで進むと危険なのかは，（科学の問題ではなく）社会の決定である．生態系の機能と価値をどう捉えるか，自然や人間社会が長期に受ける被害と温室効果ガス削減に要するコストの比較，次世代と現世代の利益配分，主に被害を受ける途上国と適応力のある先進国の受け止め方の差，などにより危険なレベルを一意に決めるのは難しい．EUは，1997年の京都議定書論議のときから，工業化以前から2℃（1990年からは1.5℃）上昇を危険レベルとして，統一気候政策の基本としているが，一部には4℃程度にするのが精一杯との意見もある．現在のところ，予想される被害の広がりや大きさの評価，長期的な費用便益分析から，上記のように高くとも現在から2～3℃程度の上昇が許容できるレベルのめどとされつつある．

3．温室効果ガスの早急の抑制，大幅な減少が必要

(1) 気候を安定化するにはまず温室効果ガス排出量を半減以下に

どの温度レベルであれ気候が安定するには，大気中の温室効果ガス濃度が安定化する（増えない）必要がある（国連気候変動枠組み条約の目的）．そのときには人為的温室効果ガス排出速度は，（フィードバック効果も含めた）自然の温室効果ガス吸収速度に等しく，大気中への入りと出がバランスしていなければならない．温暖化要因の70％近くを占める二酸化炭素（炭素換算）で見ると，自然の吸収量は現在約31億トン／年と見積もられ，将来はむしろ

1 地球温暖化の現状と対処：土地を守る人への期待　　9

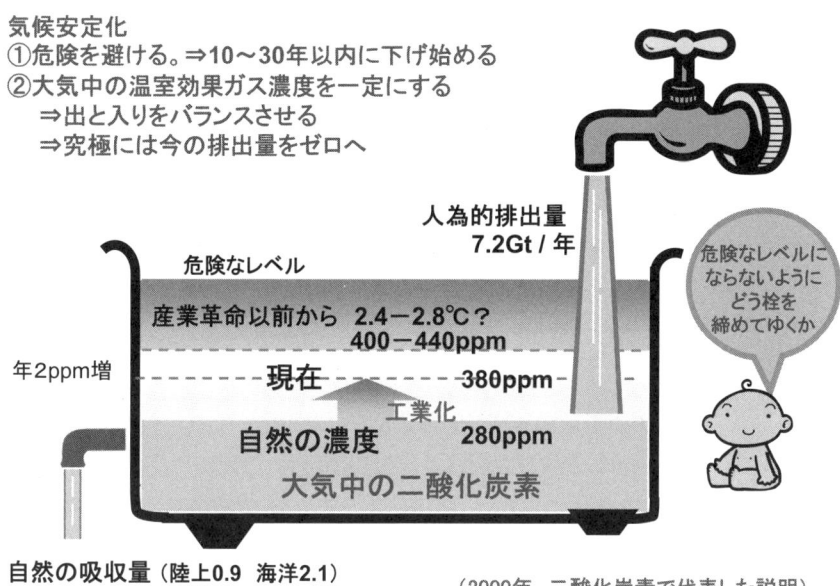

図1.3　気候安定化のためには大幅削減が必要

減ってゆく．その一方で，人為的排出量は約72億トン／年であり，成り行きでは2100年には160億トンにもなる．それを究極安定化のためには，吸収量以下，すなわち今の排出量を半分以下に下げねばならない（図1.3）．

（2）究極的には，ほぼゼロエミッションにまで

ところがある温度にとどめようとしても，その温度における炭素バランスは，吸収力を減らす方向に働く．すなわち，温度上昇に伴い土壌中の有機物の分解が進み二酸化炭素を発生するなど，これまで二酸化炭素を吸収していた陸上生態系はむしろ排出へと向かう．海洋も吸収力が減って表層水が吸収した分を，深海の持ち込む分（約20億トン）ぐらいしか吸収しなくなる．濃度安定には，排出を吸収にあわせるしかないから，排出は100〜200年の長期で見ると，このようにほぼゼロエミッションにとどめねばならなくなる．この生態系吸収力がどう変化するかの究明は，科学の大きな課題である．国際

交渉面でも，吸収を各国削減枠に組みこもうとする動きが高まっており，日本国内でも森林吸収能力向上策を進めねばならない．

（3）2030年をピークに削減という緊急事態へ

現在，大気中二酸化炭素濃度は，工業化以前の280 ppmから380 ppmにまであがっている．今から2～3℃上昇時の濃度は，400～440 ppmに相当するが，現在年間2 ppm増加しているため，あと10～30年でこのレベルに到達してしまう．この危険なレベルへの到達を避けるためには，たとえば世界全体で2030年までをピークとして，2050年に2000年比30～60％の削減が必要と見られ，これを実現する最も経済的な道筋が，2050年に半減するというハイリゲンダムG8サミットで検討が合意された長期目標である．これは想定できる技術を用いて到達可能であるが，経済社会面での強力な政策誘導を要する．

（4）日本は2050年60～80％の削減へ

このような科学的知見を受けて，2008年洞爺湖サミットとそれに続く主要経済国会議で，世界は2050年に半減と方向を明確にし，途上国も成り行き任せではなく削減努力を行うことに同意した．それに先立ち，福田首相は日本は今から2050年までに温室効果ガスを60～80％削減するという長期目標を発表した．これまで，一体どっちの方向にいっていいのか迷っていた国民も，これで日本も低炭素社会に向けて進んで行かねばならないと腹を固めたのである．

4．低炭素社会の構築は何を意味するか

（1）70％削減は技術的に可能

国立環境研究所等の研究（西岡　2008）によれば，日本で2050年に1990年レベルから二酸化炭素排出を70％削減した「低炭素社会」を実現することは技術的に可能であるとし，そのためには，国民間で早急の目標共有，政策立案，産業構造転換，国土形成への組み込みを要するとした．そのめざす将来世界は，決してつめに火をともして生きるといった縮こまった社会ではな

く，技術を生かし，またゆとりのある生活を大切にした豊かな社会である．

（2）日本の将来像

活力社会とゆとり社会の二つのシナリオを考えたが，どちらのシナリオでも70％削減は可能である．シナリオA，Bでは，日本の一人当たりGDPは2000年に比べてそれぞれ2.7倍／1.6倍に増加するが，人口は0.74倍／0.8倍に減少すると想定したため，GDPは2.0倍／1.3倍になる．サービス産業へのシフト，モータリゼーションの飽和化，社会資本への新規投資の減少などの構造転換が進められるとみられ，必要とされるエネルギーサービス量（活動量）は2000年の水準とそれほど変わらない．さらに，建築物の高断熱化や歩いて暮らせる街づくり，省エネ機器のさらなる開発・普及などの各方面にわたる各種イノベーションにより，要求されるサービス需要を満たしながら，エネルギー需要を40％程度削減することができる．太陽光・風力発電の

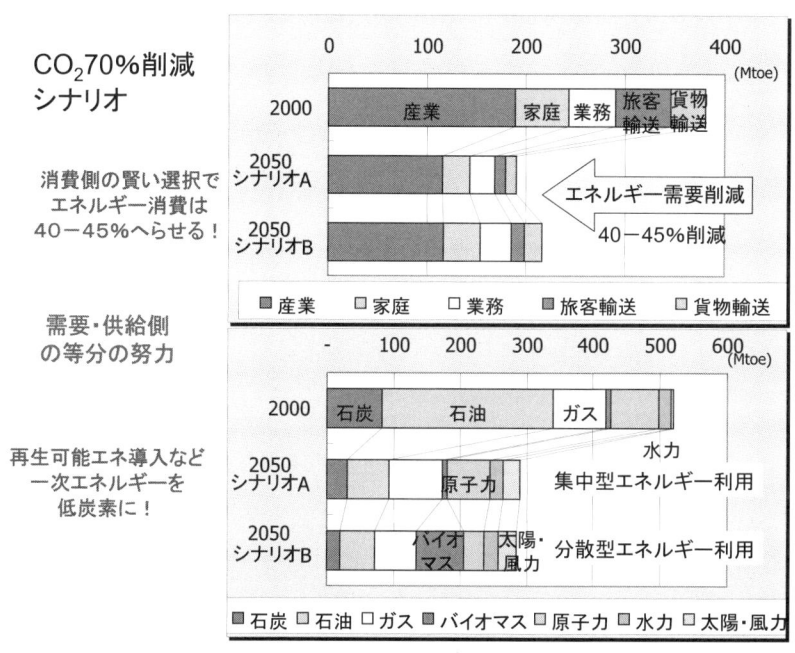

図1.4　日本の70％削減は需要側での省エネと低炭素エネルギー源推進で可能

普及や原子力，炭素隔離貯留の適切な導入等のエネルギー転換側の低炭素化により，1990年比でCO_2排出量の70％削減は可能である．

（3）需要側が主体の世界へ

キーは，消費側での40〜45％のエネルギー削減にある．これまではエネルギー量の確保は供給者側にまかせて，如何に便利な技術を生み出し，価値を見出す社会を作るかに取り組んできたわけであるが，一転して如何に少ないエネルギーで効用を作り出すかの社会になる．そうなると本当にそんなにエネルギーを使ってまでしても，持たねばならないものがあるのか，サービスがあるのかを身の回りで見直すことにもなる．ものをいくらたくさん持っているか，どれだけガソリンをふかすかが自分の価値尺度になった時代に終わりを告げ，専門的わざをそれぞれが持ち，その相互交換でゆたかな街，社会を作り上げる高度サービス産業化がすすむ．すなわち，20世紀型高エネルギー消費技術社会への決別のときとなる．

Box 1.2 低炭素社会：持続可能な日本の新構築

日本社会経済の重要な転機：諸政策・行政でイノベーションを喚起
- 技術：需要側省エネ先導社会：エネルギー安全保障との両立
    - 需要側の行動と技術選択が鍵：住宅，省エネ機器，インフラ整備，国民の努力など
    - 国際省エネ技術競争の開始，知的サービスへの産業構造転換
- 国土：インフラ更新に合わせた省エネ型国土配置，交通体系，街づくり
    - 低炭素／高福祉コンパクトシティ・気候変化対応防災都市
    - 農村の新たな役目：国土保存・吸収源維持・バイオマス供給

地産地消基地，高齢化社会での豊かな農村
- 経済：希少資源「安定した気候」の価値を経済に反映
    - 経済的手法取り入れ：資源割り当て・排出量取引・環境税・規制など
    - 環境対策・高齢化対応都市つくりへの財源
- ODA再構築：「低炭素世界構築」の中核への投資へ
    - Los Angelsを輸出しない（高エネルギー体質インフラにLock-inさせない）
        例：地下鉄などの公共交通優先

(4) あらたな国土形成のとき

　低炭素社会は，技術開発をさらに進めるだけでなくその技術を受け入れる社会を作らねばならない．まずはインフラの整備がいる．公共交通の整備，交通機関の効率化や人々のモーダルシフトも重要である．後述するように，国土全体の管理が，吸収源維持，バイオマス利用，そしてもちろん気候変化影響からくる内外での問題に対応する強い食糧確保のために見直されねばならない．他に，経済システムを自然環境資源の維持に向けて再構築せねばならないし，途上国との協力方法も再考すべき時期にある (Box 1.2)．

5．土地を守る人への期待

(1) 変化への適応を急ぐ

　自然は待ってくれなかった．ふたを開けてみたら，気候変化は思っていたよりずっと悪いほうに進んでしまっていた，というのがIPCC報告のしめしたところである．世界で山の積雪面積が減って，その影響で春の洪水，夏の渇水が農業を脅かしている．このような事象は，世界の各地では人々に感じられ，記録されてきたものではあるが，これまでのIPCC報告は温暖化影響の予測評価研究を集約するのが主で，観測の集約が十分ではなかったため，2001年の第3次報告書では十分に把握されてこなかったものである．第4次報告作成時にはすでに影響が現れているか否かが政策決定者の大きな関心であるということから，世界中でばらばらに散らばって存在している変化影響に関するデータ集約することを第一に挙げ，影響を担当する第2作業部会報告の第1章をこれに当てた．その結果は衝撃的なもので，温暖化の進行が予測以上に進み，それへの対応が猶予ならないものであることを示した．もちろん，農業や都市域の健康影響など人為システムへの影響には，気候変化以外の圧力（土地利用変化や社会の内在的変化）のほうが効く場合もあり，どの圧力が効いているのかの識別が困難なことも多いけれども，自然生態系には確実に気候変化の影響が観測されている．それでも，世界での観測場所は，主の北半球の観測の容易な地点に限られており，世界全体でどのような変化が起きているかを知るにはまったく不十分である．

日本における気候変動影響観測は，生物季節の観測以外は十分には行われてはこなかった（原沢・西岡　2003）が，2003～2005年に農水省全都道府県調査がなされ，果樹については着色不良や浮皮症など気候変化による影響がすでに全国で現れており，コメの品質が南から悪化，野菜では9割，水稲では7割，畜産では4割の都道府県が影響ありと報告した（農業・生物系特定産業技術研究機構　2006）．

　環境省は，2008年5月地球環境研究総合推進費研究中間報告（温暖化影響総合予測プロジェクトチーム　2008）で，2000年以降顕著になった現象として，高温による農産物の収量減少や品質低下，ブナ等樹木の衰退や高山植物の減少，湖の鉛直循環停滞による生態系の変化，淡水域における冷水魚の分布域の縮小，猛暑による熱中症患者の増加，感染症を媒介する蚊の分布域の拡大，記録的少雨による断水，台風による高潮被害，記録的豪雨による浸水被害が見られることを報告している．続いて環境省は，2008年6月に，高温回避，高温耐性向上，作期変更，適地移動など気候変動への適応策のメニューをまとめている（地球温暖化影響・適応研究委員会　2008）．その中で，農業への影響と適応策に関して，図1.5のように日本での気候変化と共に農業をとりまく社会的状況を踏まえて賢い適応をすべきことを示している．

　15年も前，気候予測の大家真鍋淑郎博士は，「気候変化は起きていると専門家が確認した時には，もう世間の人はみんな事実として知っているだろう」と，科学が後追いになることを予測した．自然の恵みで成り立つ農林水産業の現場でヒアリングをすると，もうだいぶまえから農家は誰でも気候の変化を肌で感じとっているようである．日本の情報を集約し始めて，それが全国的な状況であることが認識されたのである．IPCC報告，政府関係機関の調査は，農業の現場での肌での感じを，3～5年遅れで裏打ちしたに過ぎない．

　IPCCの気候変化予測では，たとえすべての放射強制力の要因が200年の水準で保持された場合も，主に海洋の応答が遅いことによって，それ以降の20年間，気温は10年当たり約0.1℃の割合でさらに上昇続けるであろうとしている．車はすぐに止まれないように，気候システムも当分は何をやっても気温上昇が止まらない．さらにあえて予想すれば，たとえ抑制策に最大の努力

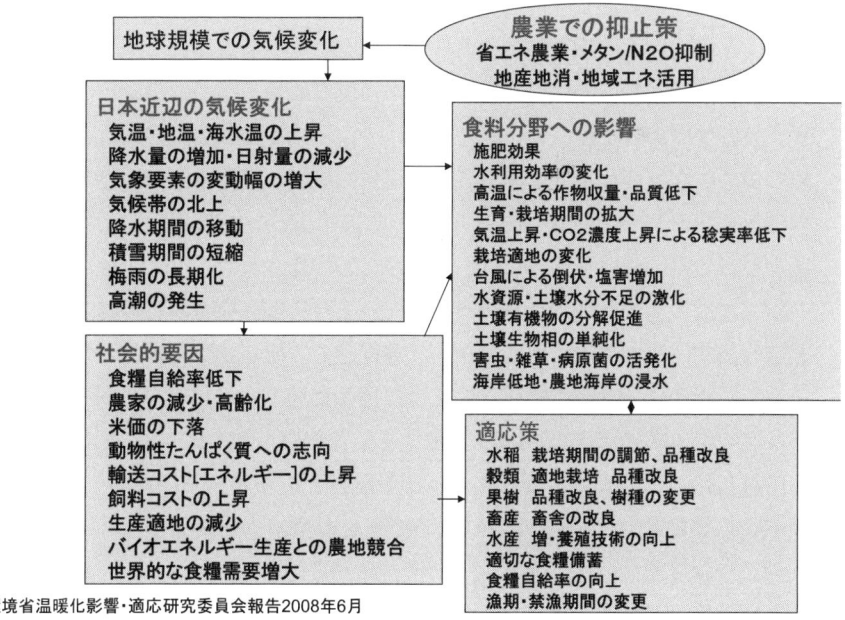

環境省温暖化影響・適応研究委員会報告2008年6月

図1.5　地球温暖化が食料に与える影響と対処

をしたとしても，世界で今世紀中に2℃の上昇は覚悟しておいたほうがよい．日本の温度上昇はそれより少し大きいであろう．2℃は鹿児島と東京の年平均温度差である．南北に500キロメートルを100年で，すなわち年間5キロメートルの速さで温度上昇が駆け抜ける．この将来の温度上昇レベル，その速さを十分に考慮した適応策を，今まさに長期戦略として農業者は考えて，直ちに手を打つときに来ている．土地を守るものは，肌の感じを大切にし，ただちに適応策をはじめねばならない．

(2) 日本の土地を守るものの大きな役目

今回の気候変動への対策で明白になったことは，エネルギー資源だけでなく，それと連動して地球の自然環境資源すなわち，水資源・生物多様性・森林・土壌・金属が逼迫してきたことである．こうなると，土地の広さがものをいう．

気候変動への対処で見れば，米国，豪州，カナダ，中国などの食料生産大国は，一部地域での被害も他の地域での増産でキャンセルされようから，予想される気候変動にも頑健で食料自給は可能であるだろう．ロシア，ウクライナ，カナダのような北の土地持ちは，少しの温度上昇なら，これまで寒冷でつかえなかった土地での農業生産が可能になり，農業生産力を強めることができよう．もっともIPCCは，産業革命以前から2～3℃以上の上昇はどの国，どの分野にとっても得にならないとしている．

　陸域生態系の吸収能力を高めることは，温暖化防止にとっての強力な対策となろうが，土地が広ければ植林や土壌保全で二酸化炭素の吸収力を強めることもできるし，炭素隔離・貯留（CCS）用の地盤もどこかに見つかるであろう．すでに2013年以降の気候変動枠組み交渉では，吸収能力の拡大をひとつの削減手段として大幅に認めようという動きが提案されている．もちろん，石炭火力発電とCCSの組み合わせで二酸化炭素排出を減らす技術は，削減策の大きな柱となりつつある．

　温室効果ガス排出抑止策としてバイオマスも急激に注目を集めてきている．そして米国のバイオエタノール騒動ではっきりしたことは，いまや世界の自然環境資源が，物理的にも地域的にも，相互関連の度合いを強めていること，そして自然環境資源全体の供給が需要に追いつかなくなってきていることである（図1.6）．自然が人間社会にくれる重要なサービスは，水，食糧，化石燃料，そして森林，生物があり，そういった物的サービス以外に目に見えない季節調節機能をもち，また自然は芸術や文化のもとでもある（図1.7）．それらの再生産を支えているのが安定した気候である．

　ところが，化石燃料を燃やせば気候が不安定になり，水資源に大きな影響を与え，旱魃・洪水をもたらし，地域によっては農作物を減らす．枯渇のおそれから化石エネルギーがバレル100ドル近い高値になると，気候変化防止に向けたバイオマスとして自動車用燃料として引き合うようになったトウモロコシからガソリン代替品を作る．それが本来の農作物生産を圧迫し，食料品の世界的高騰の引き金となった．発展途上国の食糧需要増加にあいまって穀物価格は基本的に上がる一方であり，農作物を増産するために森林を開墾

すれば，二酸化炭素が余計に出る．温暖化防止に目がくらむと，アフリカの子供の口に入るべき穀物もオランウータンが住む熱帯林も，みんな単なるエネルギーに見えてくる．

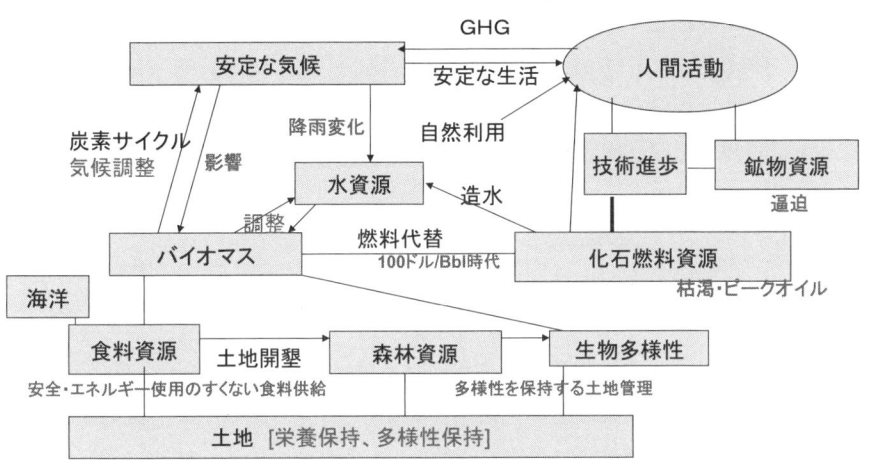

図1.6　気候変化から来る自然環境資源への圧力

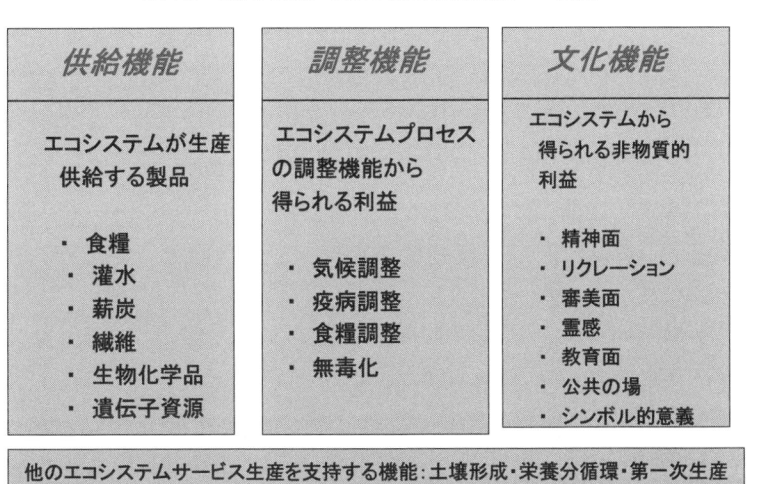

図1.7　エコシステムから得られるサービス（MEA：2005）

こうした目先の要求の連鎖が，経済のグローバリゼーションで一気に世界を駆け巡り，あらゆる自然からの資源を人間は見境なく使いつくそうとする様子が垣間見えたのである．自然環境資源を生み育てるは土地と気候である．気候変化時代のこれからは，土地の大きさが国力をきめることになる．

世界の2％の人口を有しているのに，国土が38万平方キロメートル，世界の0.28％しかない日本は，自然環境資源逼迫時代に入ると，もっとも脆弱な国のひとつとなろう．今でも食糧・エネルギー・木材は世界に頼りきり，原油価格高騰と気候変化から来る穀物市場影響をもろに受ける日本は，きわめてつらい立場にある．そうはいってもわが国土は，いわば最後のとりでであり，なんとしても自然環境資源としての基盤を自前で持続可能な形で維持し，そこでの生産能力を高めておかねばならない．気候変化が今後少なくとも20～30年は続くことを覚悟し，品種切り替え，作付け時期変更など適応策に真剣に取りくむ．世界的な変化から来る食料の輸入価格変化に対しても，強靭な生産体制を確保する．二酸化炭素吸収源としての山林・土壌の保持管理，木材の長期建物用建材利用で日本の吸収力を維持する．休耕地利用，残材・間伐材利用など，食料生産に齟齬のない範囲で，バイオマス生産を進める．さらには，太陽エネルギー，風力利用の地域エネルギー生産基地としての期待もある．地産地消の食糧供給基地として，フードマイレージで計算されるエネルギーの削減や，都市とつなぐ顔の見える安全で省エネの食材供給をになうことが期待される．もちろん本業である農業生産における自給率向上が最も重要な仕事である．これからの低炭素社会づくりにおいて，農林漁業者の役目は実に大きく，国民の期待するところでもある．土地を守る農山村の役目はまことに重い．

（3）適応策だけに頼れない

先に気候変化への適応の必要性を示した．しかし，いつまでも適応できるわけではない．温室効果ガスの排出をいまのように続けると，温度上昇，水資源変動，洪水・旱魃などの極端な現象は確実に増加する．さらには，海洋熱塩循環停滞のような地球システム自体がすっかり変わる可能性が増える．

人類は，時にはぶれながらも比較的安定した気候条件を所与のものとして，それぞれの場所でそれぞれの自然環境資源と気候を組み合わせて生存してきたし，生活を楽しんできた．そのこと自体が人類の智恵であるが，今その前提が世界のすべての地域で変わろうとしている．安定な気候の価値は，まるで空気のように，はっきりと感じることは難しいが，それぞれの環境でなくてはならないもので，代替の困難なものなのである．

気候への適応は「守り」である．打って出るのは比較的易しいが，守りは難しい．どこで何が起こるかわからない気候変化はまことに相性が悪い相手である．高解像度気候予測モデルを使って，世界のどこで何が起こるかの予測努力が進められているが，ピンポイントでの予測はできないといってよい（江守 2008）から，相手の出方の予測がなかなか困難である．気候変化で失うものの価値は，失ってからしかわからない．年間5キロメートルの変化のスピードが速すぎるし，とんでもないことがおきるかも知れない（Lenton, T. M et al. 2008）可能性などを考慮すると，適応だけで済ましていても，いつまでたっても「安定的な世界」へは導かれない，いつまで動き続けなくてはいけないのかという先の見えない不安と戦わねばならない．適応だけでなく積極的な温室効果ガス削減も農業の大きな役目である．

（4）土地を守るものの温暖化抑止策―「食」や「吸収源維持」の観点から

日本の農業からの温室効果ガス排出量は，工業ほどではないが，それでも温室効果ガス排出の削減に向けて多くの対策が考えられる．特に「食」のあり方を通じて，大きな削減ポテンシャルを有している．

農業も，被害者としての適応策だけでなく，その作業の中で温室効果ガス削減に積極的に取り組む必要がある．日本における農業からの温室効果ガス排出量は，それ自体大きなものではないが，農業での排出削減対策もすでになされつつある．

2050年までに排出量を70％削減するというシナリオ達成のために，どの分野でどのような手を打ってゆくべきかに関して，「低炭素社会に向けた12

の方策」(図1.8) が提案されている (国立環境研究所ほか 2008). これは個別排出部門別にきわめて実際的な削減手段を包括的かつ定量的に示しており，その中に農業や林業に関しての具体的提案が示されている (Box1.3 参照). そこには，2050年の社会に向けて，いつ何をやるのかの工程表が示されている.

農林業での削減について，直接農林側から見るのではなく，ここでは観点を変えて，農林業がもたらすサービスである消費者側の「食」や「住宅」の方から考えてみる.

図1.9は，日本の家庭の活動から排出される二酸化炭素の量を，ライフサイクルアセスメントによって求めたものである (南斎・森口より). 食品関連の排出量は，全排出量の13％を占めている. ただしこの排出量は，実際にそれぞれの家から直接排出される量だけではなく，家庭が買い入れた食料品を農

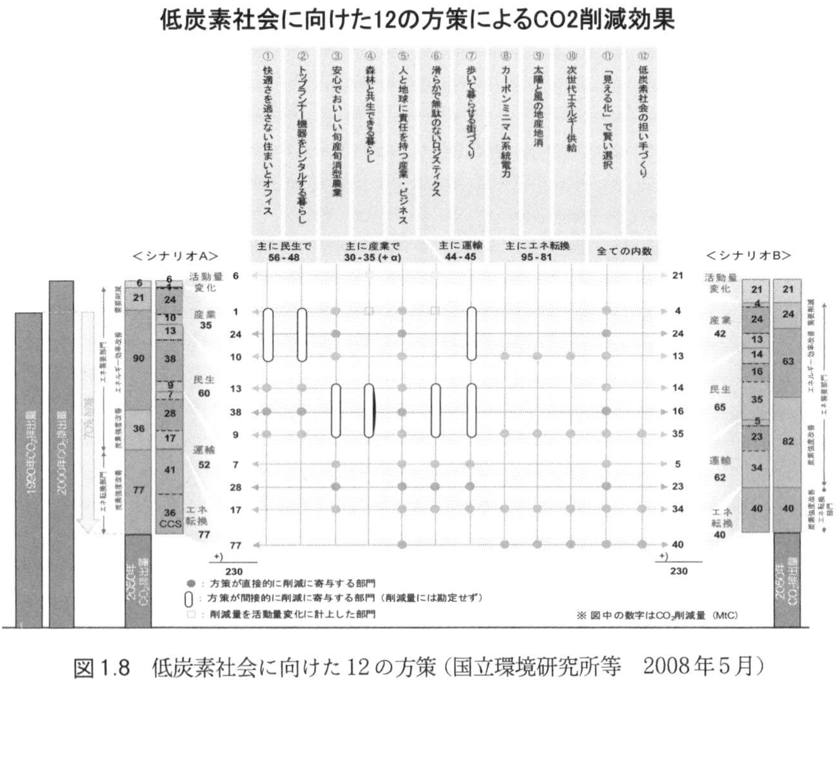

図1.8　低炭素社会に向けた12の方策 (国立環境研究所等　2008年5月)

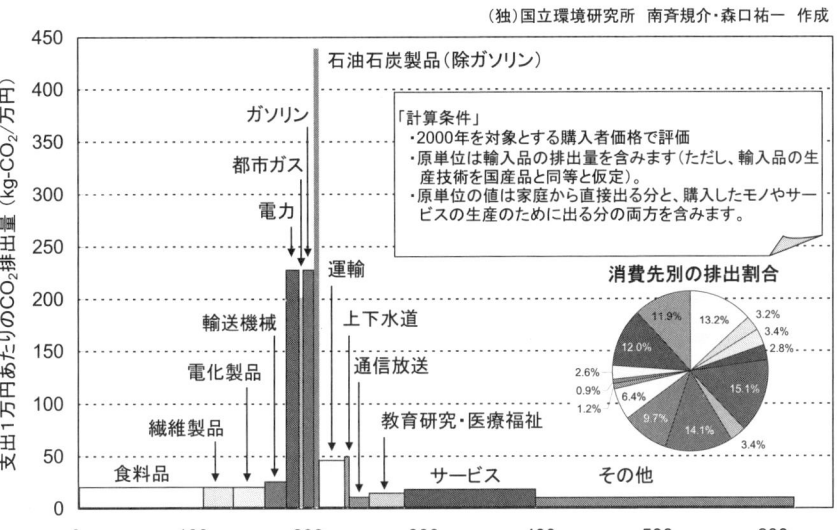

図 1.9　家庭から出る CO_2 の 13％は食料品から

地で作ったり，流通過程で自動車に乗せたり冷凍したりするときに発生する二酸化炭素の量も勘定に入っている．食料品は電力（発電所での排出で勘定されている），ガソリンについで大きな割合を占めていることがわかる．消費者は，今後削減を求められたとき，食料品に注目し，食料品の量を減らすよう心がけると共に，口に入るまでに排出した二酸化炭素量の削減も考えるであろう．

量に関しては，消費側に買い込みすぎ，捨てすぎの問題がある．京都市の調査（1997）では，台所ごみ全体の 36％は食べ残しである．買い込まれたが手付かずのまま捨てられる食品はそのうち台所ごみ全体の 13％もある．結婚披露宴では 22％が捨てられる（2006）．ここでは生産者の苦労，それまでにかかったエネルギーが忘れ去られている．

食品生産に使われるエネルギーに関しては，生産者と消費者の関係が生じる．旬にはずれる温室育ちのトマトは，加温しないビニールハウス栽培の 10 倍のエネルギーを使うし，同じ 1 kg でも養殖ブリは天然魚介の 3 倍のエネル

Box 1.3 「低炭素社会に向けた12の方策」

12のそれぞれの方策で，目指すべき将来像を設定し，それに向けての障壁をどう段階的に取り除いてゆくかの工程表を提案している．

例：安心でおいしい旬産旬消型農業をどう実現するか
目指す将来像
【食卓が育てる低炭素農業】スーパーやレストランで食料品を選ぶ際，健康等に関する情報に加えCO_2排出量などが表示され，国産品・輸入品を問わず，低炭素型の農作物が人気を博している．具体的には旬のものが選好されたり，ハウス栽培の野菜であっても太陽熱やバイオマスを利用して作られたものが選好されたりするため，農家も様々な工夫をこらして低炭素化の努力を続けている．また，スーパーなども低炭素食料品にエコポイントをつけるなどしてこれらの努力を後押ししている．
【生産プロセスの低炭素化】旬産旬消が進む一方でエネルギーを多く消費するハウス栽培は大幅に減少しており，実施する場合でも太陽熱やバイオマス，地域の中小水力などが積極的に利用されている．この結果，野菜・果物の収量当たりCO_2排出量は現状の半分以下に低減している．また，農業機械の燃料としても規格外農作物や農業廃棄物起源のバイオ燃料が利用されており，農作物生産プロセスの低炭素化に貢献している．
【温室効果ガスを出さない田畑・牧場】新たな農業生産手法への取り組みや技術開発，品種改良などによって田畑・牧場からのN_2O，CH_4などの排出も大幅に低減している．
実現への障壁と段階的戦略
【実証期】低炭素農業の認証を希望する農家を募集し，農作物ラベリングの実証試験を行う．低炭素農業の実証試験参加者と共同で更なる低炭素化に向けた手段を議論することで低炭素農業に向けた経験・知見を蓄積すると共に，実務ベースで経験を積んだ低炭素農業アドバイザーを育成しておく．
【普及期】農作物ラベリング制度や低炭素農業認証制度の対象区間を全国へと拡大していく．ただし，実際に低炭素化を進めるためには高効率機器や太陽熱温水器，バイオマスボイラなどの導入が必要な場合があるため，これらの設備に対しては自治体からの貸し出し（リース制度）や補助金制度を導入する．また，低炭素農業による生産物が消費者に受け入れられやすいように，認証付きの農作物についてはその味や安全性なども評価し，政府広報等を通じて国内外に積極的にアピールしていく．さらに農作物の主要貿易相手国とは，認証結果を相互に承認できるように制度設計を行うとともに，日本の低炭素農業の知見を広く伝えること

> で，低炭素社会の実現に大きく貢献していく．
> 【定着期】消費者は低炭素農作物を選択することが容易となり，また，生産者にとっても重油などのランニングコストの低減が図れるため，低炭素農業は標準的な手法となる．このため政府・自治体からの補助を徐々に減らし自立を促す．

ギーを使う．消費者はトマトはいつでも手に入るものと思っている．

　自給率40％と世界でも極端に低い日本の食品は，現地での生産エネルギーに加え輸送でのエネルギーがかかり，フードマイレージ（量×移動距離）でみると，自給率の高いフランスと比べて4倍ものエネルギーを使って，その分二酸化炭素を放出している．最近になって消費者は，熱心に袋を裏返して，産地を確かめているようではある．

　今後は消費者側からは，余計な食品を買い込まないように心がけるとともに，うまくてエネルギー消費の少ない「旬産旬消」がのぞまれ，生産側での省エネへの要望が高まるし，フードマイレージの少ない商品の選択すなわち「地産地消」への移行が進む．社会全体として，「見える化」が進むが，その中で生産エネルギーやフードマイレージ表示，あるいは産地情報の精緻化が進むであろう．こうした交流を通じて，生産者側での省エネが進むことが期待される．

　気候変化への積極的対応として，バイオマスの利用促進と吸収源維持強化が農山村に期待される．農業・山林廃棄物のエネルギー利用，木材を使った長寿命高気密住宅の普及によって，日本古来の住宅への国産材利用を進め（「森林と共生できる暮らし」），炭素吸収と山林経営の両立を図るべきで，それには若い林業従事者の確保，木造住宅技術者の育成，政府の山村維持政策や住宅機能標準制定などの政策が必要になろう．

　土地をさらに有効に利用する手立てとして，究極のエネルギーである太陽エネルギー・風力エネルギーなど，分散型の再生エネルギー生産基地としての機能（「太陽と風の地産地消」）も要求されるであろう．

（5） 国民は力強く信頼できる農業を求めている

　8年続きの豪州の旱魃の影響で食品の値段高騰，外国産の食品の安全性への疑問，エネルギー価格高騰での漁業のピンチ等，危機はひたひたと日本農林漁業の足元に押しよせている．温暖化で真っ先に大変な影響を受けるのは農業，という話をしても農業生産額は工業と比べるとわずかなもの，むしろ工業品の国際競争力が弱まれば食料を輸入する経済力がなくなるのではないかという論もでる．

　しかし逆に言えば，自国の農業が強くなればそれほど工業に頼らなくてもいいことになる．工業品の輸出で得た収入で国民が買いたいのは，安定した供給，安定した価格，顔が見えて安心できる供給元からの旬のおいしい食材なのである．また，土壌や生態系維持をしている自然環境資源という見方からすると，土地を守る農林漁業にはカネに変えられない価値がある．

　2008年秋，米国でのマネーゲームの破綻が実体経済へ影響しつつある．実体経済の中核中の中核は，衣食住なかんずく食であり，それを支えるのが健全な自然環境である．石油や穀物相場で乱高下する食品価格を目の当たりにし，またメラミンや農薬の混入した食品の出現に日本の母親はおびえてきている．これからは，食の安定・安全にカネをはらうことを消費側は覚悟するであろう．しかし一体足元の日本農業は何をしているのだろうか．何でこんなに弱い信頼できない農業になってしまったのだろうか．農業者はこの期待に応え持続的で力強く信頼できる農業を育てる覚悟をこのさい持ってほしい．

　長年にわたるコメを通じた所得補償がさまざまな弱さを，国と農業にもたらしたようだ．単品頼り農業では作物の多様性が維持できず，気候や国際市場変化に弱い．農産物は消費者の口に入ってナンボなのだけれど，中間業の介在で消費者との距離が離れてしまった．食料は質でなく値段だけで外国製品と勝負する商品になり，うまさも安全も生産者の手からはなれてしまった．石油高価格で，安定気候維持のため低炭素に向かう世界では，石油漬けの生産は続けられない．無駄なコストを切り，安全のコストを上乗せし，国際競争力を高めよう．農業こそ，太陽のエネルギーを一番効率的に広い面積で利用できる力を持つ．旬産旬消，地産池消を進め，顔の見える安心を付加

価値に，自らが消費者との直結に出かけてほしい．地力を保ち持続する自然活用のフロンテイアとして，力強く頼れる農業に向けて，身で持って環境を守っている農林漁業から，温暖化対策への声を大に上げてほしい．

6．おわりに

　低炭素時代への変革は，前向きに捉えれば面白い時代であり，人智の結集のまたとない機会である．

　まずは，倫理が尊ばれる時代となろう．気候という地球公共財の管理，共通資源利用のルール策定に向けて，次世代・同世代での公平性への配慮が議論される．同じ船に乗っていることがわかれば議論の方向はそう違わないで，相互信頼が高まるであろう．

　われわれの国をどんな国にするか，そのために今何をするかを語り合う機会でもある．目指す将来像からのバックキャストで，脱物質，脱エネルギーの持続可能社会に向けた道筋を作り上げ，一歩一歩すすむ．

　これまでの供給側がエネルギー利用を進める時代から，今後はどれだけ消費側でエネルギー利用を減らせるかが問われるときとなる．ということは，省エネルギーへの合理的な選択をする個人能力，選択を可能にする社会の形成能力が問われるのである．

　環境はそれぞれの地域で異なる価値を持つ．地域の復活に向けて地域の参加が促進されねばない．

　少子高齢化でも日本は世界の先端を走っている．途上国もやがてはそうなるのであるが，先進国が経てきたエネルギーがぶ飲み社会をすっ飛ばして，地球環境資源を賢く使う「蛙跳び」型発展をしてほしい．そうしたときに，日本が世界に冠たる「低炭素社会」を築き上げることは，途上国にいい目標を与えることとなる．日本の世界への，そして歴史への貢献となることは間違いない．

引用文献

・西岡秀三編著　2008「日本低炭素社会のシナリオ－二酸化炭素70％削減の道筋」，

日刊工業新聞社，平成 20 年 6 月
・原沢英夫，西岡秀三　2003　地球温暖化と日本：自然・人への影響予測：古今書院
・農業・生物系特定産業技術研究機構（2006）農業に対する温暖化の影響に関する調査，平成 18 年 3 月
・温暖化影響総合予測プロジェクトチーム（2008）地球温暖化「日本への影響」—最新の科学的知見—，環境省，平成 20 年 5 月
・地球温暖化影響・適応研究委員会（2008）気候変動への賢い適応，環境省，平成 20 年 6 月
・江守正多　（2008）　地球温暖化の予測は「正しい」か？化学同人　平成 20 年 11 月
・Lenton, T. M *et al.*（2008）Tipping Element in the Earth's Climate System, Proceedings of National Academy of Science, 1786-1793, Feb 12, 2008. (www.pnas.org/cgi/doi/10.1073/pnas.0705414105)
・国立環境研究所ほか（2008）「低炭素社会に向けた 12 の方策」，平成 20 年 2 月 (http://www.2050.nies.go.jp)

他に以下の情報を利用されることを推奨する
・IPCC 第 4 次報告書：要約
　・第一作業部会［自然科学的根拠］気象庁訳　http://www.data.kishou.go.jp/climate/cpdinfo/ipcc/ar4/index.html
　・第二作業部会［影響・適応・脆弱性］環境省訳　http://www.env.go.jp/earth/4th_rep.html
　・第三作業部会［気候変動の緩和策］地球産業文化研究所訳　http://www.gispri.or.jp/kankyou/ipcc/ipccreport.html
・低炭素社会シナリオ［70％削減シナリオ］http://2050.nies.go.jp
・低炭素社会に向けた 12 の方策　http://2050.nies.go.jp
・学術雑誌「地球環境」特集（2008）：低炭素社会の描像と実現シナリオ　国際環境研究協会 http://www.airies.or.jp
・国立環境研究所　環境学習　ココが知りたい温暖化　http://nies.go.jp

第2章
気候変化がイネを中心とした作物栽培におよぼす影響と適応策

長谷川 利拡

(独)農業環境技術研究所

1. はじめに

　これまでの人間活動の変化は，地球をとりまく環境条件を変えつつある．IPCC第4次報告によると，世界の平均気温は，過去100年（1906〜2005年）で0.74℃上昇した．特に，20世紀後半の北半球の気温上昇は著しく，1995〜2006年の12年間のうち，1996年を除く11年の世界の地上気温は，1850年以降で最も温暖な12年の中に入る（IPCC 2007a）．さらに，この気温上昇には人間活動による温室効果ガスの増加が大きく関与することが強く示唆されている．今後，CO_2排出削減に向けた取組みがなされたとしても，大気CO_2濃度は増加を続け，今世紀半ばには470〜570 ppm，今世紀の終わりには540〜970 ppmにも達し，その結果平均気温は1.1℃〜6.4℃上昇するとともに，異常高温が頻発したり，高温期間が増加したりすることが予測されている（IPCC 2007a）．

　温度，水，日射といった気候資源に大きく依存する作物生産は，このような気候変化に大きな影響を受ける．これまでの研究から，温度の上昇は，低温が問題であった地域で低温障害を軽減させたり，可能栽培期間を長くさせたりする可能性はあるが，一般には生育期間の短縮，呼吸量の増加，高温ストレスの増加，水消費の増加を招くなど負の影響をおよぼすことが懸念されている．一方，大気CO_2濃度の上昇は，光合成を促進して農作物の成長と収量を増加させたり，葉の気孔を閉じ気味にして水利用効率を高めたりする作

用を持つ．したがって，将来の作物生産は，気候変化によるプラスの影響，マイナスの影響およびそれらの相互作用によって決定される．しかし，これらの影響の程度は，作物種や品種だけでなく，栽培管理や他の環境要因にも依存するため，予測には大きな不確実性が含まれる．本章では，それぞれの影響を概説するとともに，予測における不確実性と今後の生産技術に対する展望を示す．

2．気候変化が作物生産におよぼす影響

今後の気候条件が作物の生産におよぼす影響を推定するには，CO_2などの温室効果ガス排出シナリオに基づき将来の気候を予測する全球気候モデルと，気象の動向から作物の生育・収量を予測する作物モデルが必要である．両者を組み合わせて将来の主要穀類の生産を予測した研究例（Parry *et al.*, 2004）では，CO_2増加による増収効果（CO_2施肥効果）を考慮しなかった場合，2050, 2080年にはほとんどの地域で減収となるが，CO_2施肥効果を考慮すれば，収量の増加が見込まれる地域もあると予測された．このようなシミュレーションは，世界各地で種々の作物種を対象に実施されている．IPCCは，第4次報告書においてイネ，コムギ，トウモロコシについて実施されたシミュレーション結果をとりまとめ，温度上昇に対する収量応答として緯度帯別に表した（IPCC 2007b）．その結果，低緯度地域ではCO_2増加による増収効果を見込んだとしても，1℃以上の上昇で減収に転じる例が多いこと，中高緯度地帯でも現在よりもおおよそ3℃以上上昇すると減収になる例が多いことから，将来の作物収量は1℃の上昇で地域によっては低下しはじめ，3℃以上ではほぼ全球的に減少するものと警告している．しかし，同じ気温上昇程度を仮定した収量シミュレーションでも，プラスの影響を予測するものからマイナスの影響を予測するものまで，個々のシミュレーション予測結果には，極めて大きな違いが認められた．これには，モデルが仮定した条件，対象とした地域の気候条件などの違いに加えて，モデルの環境応答の不確実性が関連している．しかし，このようなモデル予測の確からしさを検証し，技術的な対応によってどの程度影響を緩和できるかといった実証的な実験研究

は十分ではないのが現状である．ここでは，CO_2濃度や温度の上昇に対して，イネを中心とした作物がどのように応答するかを，主として群落や圃場レベルで調査した実験結果の一部を紹介するとともに，今後の研究の必要性を提示する．

（1）CO_2濃度上昇による増収効果

大気CO_2濃度の上昇は，光合成速度を高める．特に，イネなどのC_3植物[1]の光合成速度は，CO_2濃度の上昇とともに大きく増加する．たとえばイネの個葉を対象にした光合成の測定で，CO_2濃度を0 ppmから徐々に高めると700〜800 ppm付近まで光合成は増加し，それ以上では頭打ちを示す．すなわち，今日の大気CO_2濃度条件では，光合成の基質であるCO_2の量が光合成速度の制限要因になっていることが多く，CO_2濃度の上昇は単純にCO_2の供給を増加することよって，カルビン・ベンソン回路における糖合成を加速させる．

光合成の促進は，作物の乾物重ひいては子実収量の増加をもたらす．どの程度の増収効果が見込まれるかについては，20世紀初頭から温室や人工気象室などの閉鎖系を利用した実験で研究されてきた．Kimball(1983)は，過去に実施された多くのCO_2増加実験の結果（37作物種，430データセット）をとりまとめ，CO_2倍増による作物の増収効果は平均すると33％程度であると推定した．これらの主にポットを用いた室内実験から，CO_2濃度に対する植物の生理的応答が明らかにされてきたが，地球規模の気候変化に対する食料生産や炭素循環の応答を明らかにするためには，増加し続ける大気中のCO_2濃度に対する作物群落や自然植生の応答を出来る限り実際の圃場に近い条件で明らかにする必要がある．

このような背景から，1970年代半ばから圃場栽培用のチャンバー実験が，

---

[1] C_3植物は，光合成過程でCO_2の固定をカルビン・ベンソン回路でのみ行う植物である．これに対し，C_4植物は，カルビン・ベンソン回路の他にCO_2を濃縮する経路を持ち，低いCO_2濃度環境でも比較的高い光合成速度を示す．C_3，C_4の呼び方は，CO_2固定において，初期産物がC_3化合物（炭素原子を3つ持つフォスフォグリセリン酸）か，C_4化合物（オキサロ酢酸）であるかの違いに由来する．

1980年代後半からは圃場条件で高CO_2環境を囲いなしで実現する開放系大気CO_2増加（Free-Air CO_2 Enrichment，FACE）実験が始められ，植物生理や収量だけではなく，土壌-植物-大気系におけるエネルギー，物質循環を対象とした研究も展開されるようになった（Allen et al., 1992，世界のFACE地図についてはhttp://www.bnl.gov/face/Research_Sites.aspを参照）．イネを対象としたFACE実験は，1998年に農業環境技術研究所と東北農業研究センターが岩手県雫石町で開始した．イネFACE実験装置は，農家水田の一角にCO_2放出用のチューブを正八角形状（差し渡し12 m）に設置し，コンピュータ制御で中央部のCO_2濃度を外気よりも200 ppm高くするように風上側からCO_2を放出するシステムである（詳しくは小林（2001）を参照）．2001年からは同様のシステムを用いて中国江蘇省におけるイネ-コムギFACE実験が実施され，圃場条件における作物のCO_2応答が明らかにされてきた．近年には，FACE実験に関する多くのメタ解析[2]が実施され，20世紀半ば頃に予測されるCO_2濃度に対する作物の一般的な応答が定量的に示されるようになった．

　様々な作物を対象としたFACE実験の結果，おおよそ200 ppmのCO_2濃度の上昇による収量の増加率は，C_3作物でも種によって異なり，ダイズやワタなどでは高いが，イネ，コムギ，ダイズといった主要C_3作物では14〜15％で（Kimball et al., 2002；Kim et al., 2003；Morgan et al., 2005；Yang et al., 2006），C_3植物のFACE実験をとりまとめた平均的な増収率の約24％（Long et al., 2004）よりも低かった．また，光合成過程でCO_2濃縮機能を持つC_4植物では，CO_2増加による光合成や生育の促進は小さいと考えられている．実際，C_4作物を対象としたFACE実験では，トウモロコシやソルガムの増収効果は小さかった（Kimball et al., 2002；Leakey et al., 2006）．さらに，CO_2増加による光合成や成長促進は，種や品種だけでなく，温度や窒素，水分条件によっても変化する（Kimball et al., 2002）．たとえば，高温や水分が不足気味の条件ではCO_2増加の効果は大きい傾向にある．

---

[2] これまで公表された異なる実験結果を集めて，処理の効果を統計的に表す解析方法．

屋外圃場では計測が難しい群落レベルでの光合成・呼吸の測定には，群落レベルの CO_2 ガス交換の測定が可能な人工気象室も利用される．一般に，光合成の CO_2 応答は，主に個葉レベルで計測されてきたが，群落レベルでの光合成および呼吸の CO_2 応答については，十分なデータがなかった．そこで，CO_2 ガス交換の測定が可能な大型人工気象室を用いて，群落光合成の促進程度が，生育期間中にどのように推移するかを測定したところ，群落光合成は，分げつ期には高 CO_2 濃度（外気＋ 300 ppm）処理によって約20～30％増加したのに対して，登熟期には対照区と大きな違いはみられなくなることがわかった (Sakai et al., 2006, 図2.1)．こうしたいわゆる"ダウンレギュレーション"は日中の FACE 実験の個葉光合成でも認められている (Seneweera et al., 2002; Chen et al., 2005)．このように，高 CO_2 濃度環境における乾物生産や収量を予測するためには，他の環境・栽培条件の影響，生育期間中に生じる作物応答の変化を考慮する必要がある．これらのメカニズムに関する研究は，モデルの予測精度の向上だけでなく，高 CO_2 濃度環境に適した品種特性，栽培管理技術の解明にも役立つものと期待される．

CO_2 濃度の上昇が品質におよぼす影響も明らかになりつつある．たとえ

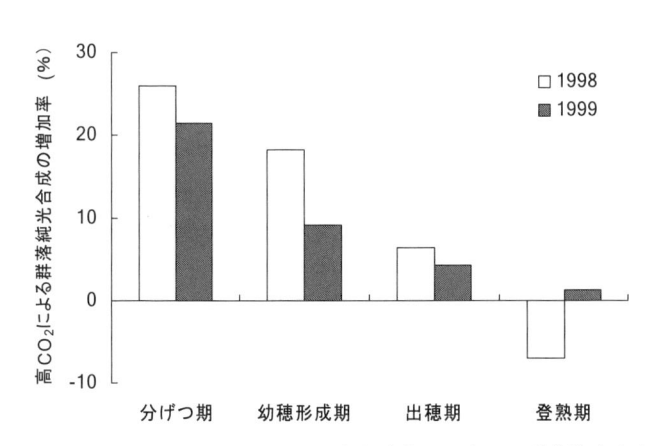

図2.1　クライマトロン・チャンバーの CO_2 交換速度から求めた群落純光合成速度の高 CO_2 濃度（＋ 300 ppm）による増加率の季節変化．Sakai et al., (2006) の 1998, 1999年の結果から作図．

ば，これまでのFACE実験から，高CO_2条件は，コメのタンパク質含量を低下させることが示されている（Lieffering et al., 2004 ; Terao et al., 2005）.これは，コムギ，オオムギ，バレイショの収穫器官でも認められる一貫した傾向である（Taub et al.,. 2008）. その他の栄養素については，チャンバー実験では違いが認められるものもあるが，雫石FACE実験ではCO_2濃度による有意な影響は認められなかった（Lieffering et al., 2004）. 中国FACE実験では，外観品質についても影響が認められ，高CO_2環境において白未熟粒の割合が増加することが報告されている（Yang et al., 2007）. これには，FACE処理による籾数増加の影響もあるが，穂温が対照区に比べて高く推移したことも少なからず影響しているものと考えられる．

（2）温度上昇の影響

温度は作物の生育，収量・品質に関わるほぼすべての過程に大きな影響をおよぼす環境要因である．作物の温度応答についても，数多くの室内環境制御実験が行われ，基本的な生理応答は知られていることが多い．たとえば，温度の影響は，生育期間に最も顕著に現れ，温暖化による生育期間の短縮は，将来の収量予測における減収の一要因とされる．また，成長は光合成と呼吸の差し引きによるが，温度の上昇は呼吸による消耗を増加させて成長に負の影響を与えると考えられている．また，子実形成に関わる諸過程は高温の影響を受けやすく，イネでは受精障害や粒が白く濁るといった外観品質の低下を引き起こすことが知られている．このように，温暖化が生育・収量・品質におよぼす影響を予測し，適応を図るためには，主要な生育過程の温度依存性を総合的に評価することが必要になる．

温暖化による減収リスクを評価する上では，収量の温度感受性が高い過程に注目する必要がある．一般に，子実を収穫対象とする穀類においては，花器形成や開花・受精の段階で異常温度に遭遇すると，たとえ短期間でも大きく減収することがある．寒冷地でしばしば発生する冷害は，その典型例である．また，異常高温でも受精障害が発生する．これまでの実験から，開花時に高温にさらされると，葯が裂開しにくくなったり，葯が裂開しても花粉が

落ちにくくなったりすることで,受粉が不安定になることが知られている (Matsui *et al*., 2001). 受精過程の温度感受性は非常に高く,開花期頃の温度が34〜35℃以上になると不稔籾の割合が増加し,40℃以上になるとほぼすべての籾が不稔になることが,チャンバー実験で示された(Satake & Yoshida 1978;金ら 1996). そのため,高温による受精障害は,温暖化による大きな減収リスク要因になることが懸念されている.

　実際の圃場条件における高温不稔には,多くの要因が関与するために,単純に気温のみから不稔歩合を推定することはできない. たとえば,2007年8月,関東,東海地域は,観測史上最高の40.9℃を記録したほか,100以上の観測地点で過去の最高温度記録を更新するなど,広い範囲で異常高温に見舞われた. しかし,同年夏に水田で観察された不稔率は,上記の室内実験の温度反応から推定される不稔率よりも小さい傾向にあった (長谷川ら 2009). すなわち,出穂・開花頃の温度は受精の安定性を左右する重要な環境要因であるが,日最高気温のみから不稔率の地域間差異を統一的に説明したり,室内実験の温度反応を単純に屋外に適用したりすることは難しいことがわかった.

　2007年の高温下の不稔率が,最高気温から予測される不稔率を下回った要因の一つとして,感受器官である穂の温度が気温とは異なった可能性が考えられる. 穂温は基本的に外気温,湿度,日射量,風速といった群落上部の環境条件と,葉の茂り方,葉や穂の蒸散に関わる要素などに依存する. たとえば,日射は群落や穂の温度を上昇させる方向に働くが,蒸散(とそれに関わる要素)は熱の持ち去りによって冷却させる方向に働く. その結果,群落や穂の温度は,群落上部の気温よりも低くなることもあれば,逆に高くなることもあり得る. 蒸散速度には,飽差(周辺の空気の水蒸気圧と葉の中の水蒸気圧の差)や風速などの外的環境要因と葉の茂り方や気孔の開き方といった作物側の要因とが,互いに関連しながら影響する. 個々の葉の蒸散に大きく影響するのが気孔の開き方で,これには光,湿度,CO_2濃度などの環境要因に加えて,葉の栄養状態も影響する. たとえば,葉の窒素濃度が高い場合には,気孔開度が大きい傾向にある. イネの穂の蒸散については,まだ不明な点が多いが,穎(えい)の外表面には気孔がほとんど存在しないために,表皮からの

蒸散が主体と考えられる．したがって，穂の蒸散の環境応答は，葉のそれとはやや異なることが想定される．ただし，葉の蒸散速度は，葉の温度や群落内の気温に影響し，その結果，穂の温度に影響する．したがって，葉の気孔の環境応答も穂の温度環境に密接に関連している．以上のように，穂温に関わる諸過程がすべて解明されたわけではないが，Yoshimoto et al.（2005b）は，葉や穂の蒸散に関わる環境応答を過去の実験結果から定式化し，群落の熱収支を解くことによって，穂温を推定するモデルを開発した．

このモデルを2007年8月中旬の関東・東海地域に適用し，異常高気温条件下での穂温を推定した．その結果，イネの開花時間帯に相当する午前10～12時頃の穂温は，最高でも34～36℃程度で，地域分布についても日最高気温の分布と必ずしも一致しないことがわかった．これは開花時間帯の気温が日最高気温より低かったことに加え，穂温には日射量，風速，湿度といった気温以外の気象要素も関連するためである．さらに，穂温と不稔率との相関は，日最高気温と不稔率との相関よりも高い傾向にあった．これらが，最高気温が高かった割に不稔の発生が少なかったことに関係している．また，地域全体では出穂・開花の時期に高温に遭遇したイネが少なかったこともあり，記録的な猛暑ではあったが，作況に影響するような大きな被害は認められなかったものと考えられる．

このような穂温と気温の違いについては，これまでにもわずかではあるが計測例がある．高温，乾燥条件でかつ比較的風が強いオーストラリアニューサウスウェールズ州の水田では，穂温が気温に比べて約6℃以上も低くなる事例が観測された（Matsui et al., 2007）．吉本ら（2007）は，オーストラリアや中国における穂温測定例について，モデルによる解析を行ったところ，風速が強く，大気が乾燥している条件（日中の湿度20～40％，風速2～4 m s^{-1}）では，気温が40℃前後の条件でも，穂温は群落上の気温よりも7℃近くも低いことが，モデルでも再現された．これは，活発な蒸散によって穂や群落が強く冷却されていることによる．一方，群落上の気温が32～33℃ぐらいでも，湿度が70％と高く，風速は1 m s^{-1}未満と弱い場合には，穂温は群落上気温よりも約4℃高くなることがモデルシミュレーションで示された．すな

わち，蒸散による冷却効果の違いによって，穂温と気温の関係は逆転する場合があることを示唆している．さらに，穂自体の蒸散能力も，穂の冷却効果に関連する．すなわち，圃場の微気象的要素と植物生理を考慮して，穂の温度環境を把握することが，温暖化による減収リスクの推定や対処策の構築のために重要である．

また，作期や早晩性の異なる品種の選択を通じて，開花・登熟初期に高温に遭遇するリスクを回避することも重要なオプションである．ただし，この場合，日射条件も変わるため，収量，品質への影響は温度以外の要因も含めた総合的な評価が望まれる．また，イネの開花時刻が品種によって異なることも知られている（今木 1987）．日本の品種の多くは10～12時頃に開花するのに対して，インディカ種やアフリカイネでは開花時刻が早い傾向にあり，早朝開花特性を利用したストレス回避のための研究も進められている．また，高温に遭遇した場合にも安定的な稔実が得られるようなストレス耐性強化も重要である．幸い，高温での稔実の安定性にも，大きな遺伝的変異が認められることが報告されており（Satake & Yoshida 1978；Matsui et al., 2005），高温耐性の遺伝的向上の可能性は小さくない．これらの形質の圃場条件での検定・改良が，将来の安定的な稲作には重要である．

（3）CO_2濃度と温度の相互作用

これまでに解明された光合成のCO_2応答メカニズムによると，CO_2増加による光合成の促進程度は，温度上昇によって高まるものと考えられている（Long et al., 2004）．これは，今日のCO_2濃度条件では，温度が高まるとC_3植物の光呼吸[3]は大きく増加して光合成を制限するように働くが，CO_2濃度が高い条件では光呼吸の割合は小さいため，CO_2濃度上昇による光合成の促進程度がより顕著になるためである．しかし，CO_2と温度の相互作用が，圃場レベルでの成長，収量にどの程度影響するかについてのデータはほとんど

---

[3] 光合成で二酸化炭素が固定されるのと同時に，炭素と酸素が反応して最終的に二酸化炭素が作られる過程．C_3植物の光合成律速要因の1つであるが，光が強いときに発生する活性酸素の生成を抑える役割も指摘されている．

ないのが現状である．これは，圃場条件において CO_2 と温度を開放系で制御することが極めて難しいことによる．近年，赤外線ヒータを利用して，開放系で植物体の温度を高める試みもあるが（Kimball et al., 2008），作物の生理，成長，収量などへの影響についてのデータは蓄積されていない．

　直接的に CO_2 と温度の相互作用を確かめる方法は，今のところ限られているが，環境条件が大きく異なる地点で実施された FACE 実験結果の解析は，CO_2 と温度を含むその他の環境要因との相互作用を解明する上で有効である．Hasegawa et al. (2007) は，このような背景から，日中の FACE 実験の生育・収量データを比較した．日本の雫石 FACE サイトは北緯 39 度に位置し，生育期間の平均気温は約 21℃ であるのに対して，中国江蘇省無錫の FACE サイトは北緯 31 度でジャポニカ栽培地帯のほぼ南端に位置し，生育期間中の平均気温は約 25℃ であった．このように環境条件に違いはあるものの，両地点における FACE 処理に対する収量応答は，図 2.2 に示すように極めて類似していた．温度が高い地域において CO_2 施肥効果が高いということは，日中 FACE 実験の比較からは示唆されなかった．もちろん，成長量や収量は，光合

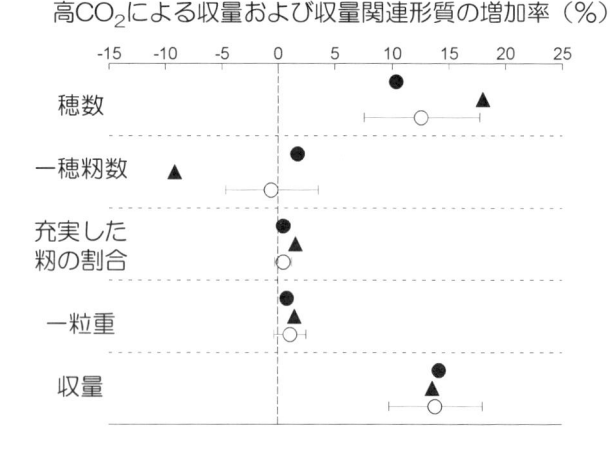

図 2.2　日本と中国のイネ FACE 実験における収量および収量構成要素の高濃度 CO_2 処理（外気＋200 ppm）による増加率．各地の値は 3 ヵ年の平均．出典，Hasegawa et al. (2007).

成と呼吸の差し引きに大きく依存することから，両地点における結果は，光合成における CO_2 と温度の相互作用の存在を否定するものではないが，CO_2 施肥効果の温度依存性について定量的な解明を進めている段階である.

CO_2 濃度の上昇に伴う気孔コンダクタンスの減少は，作物の水利用を減少させる一方で，蒸散による群落冷却効果を低下させる．雫石におけるFACE実験では，高 CO_2 濃度区の群落表面温度は，対照区に比べて昼間の平均で約 0.3℃高く推移した (Yoshimoto et al., 2005a). 実際，雫石FACE区の熱画像からも，CO_2 増加処理がイネ群落の表面温度を高めていることがわかる (図2.3). Yoshimoto et al. (2005b) は，中国FACEにおける高 CO_2 濃度による穂温の上昇効果が，開花日頃に0.5〜1℃で，その後日数の経過に伴いより顕著になることを示した．先に述べたとおり，開花期頃の異常高温は稔実障害を引き起こすが，CO_2 濃度上昇による群落や穂の温度の上昇は高温不稔の発生を助長する恐れがある．また，高 CO_2 濃度による穂温上昇は登熟期間全体におよぶと考えられ，開花時の高温不稔だけではなく，品質にも影響をおよぼす可能性が示唆された．先に述べた中国FACE実験における白未熟粒割合の増加 (Yang et al., 2007) は，温度環境の違いによるものかもしれない．こ

図2.3　雫石FACE実験における出穂期頃の可視画像 (上) と熱画像 (下).
岩手大学岡田益己教授撮影.

のように CO_2 増加に伴う気孔コンダクタンスの減少は，水利用効率を高める一方で，高温障害に対しては負の影響を与えることが予想される．

イネいもち病，紋枯病といった主要病害の発生も高 CO_2 濃度によって高まることが懸念されている．Kobayashi et al. (2006) は，雫石の FACE 実験でイネいもち病菌，紋枯病菌を接種したところ，高 CO_2 条件では，対照区と比較して，イネいもち病および紋枯病が多発しやすい傾向にあることを報告した．高 CO_2 区でいもち病の発病程度が高まった一因としては，高い CO_2 によりイネ葉身の珪素含有量が減少し，表皮のクチクラ・ケイ酸重層が薄くなり，いもち病の侵入頻度が高まることが考えられている．一方，紋枯病については，CO_2 増加に伴う分げつ数の増加が，発病株から周辺株への伝染を早めた可能性がある．いずれについても，今後より詳細なメカニズムの解明が望まれる．以上のように，気候変動に伴って増加が予測されるリスクについては，リスクの回避や耐性の強化といった対処的な適応策が求められる．

3．気候変化と将来の作物生産

20世紀に作物収量は世界各地で飛躍した．特に20世紀後半の収量の増加は著しく，世界の穀類収量は1961年から2000年の40年間に約2.5倍にも跳ね上がった．また，同時に収量の地理的分布も大きく変化した．これを日本のイネを例にみてみよう．

日本のイネ収量は，20世紀初頭には2.5 t／haであったものが，1930年代には，3.0 t／ha，1960年には4.2 t／haとなり，今日の5.3 t／ha水準まで約2.1倍も増加した．今日の県別収量水準（2007年の平年収量，図2.4）の分布をみると，長野県の6 t／ha以上を筆頭に，多収地域は山形，青森，秋田などの寒冷地に集中する．一方，平年収量が低い地域は西日本に多い．気候シナリオと作物モデルを用いて日本の将来の県別収量を予測した例では，こうした地域格差がより大きくなるものと予測されている（Nakagawa et al., 2003）．しかし，過去100年間で地域分布は大きく変化した．20世紀前半に比較的高い収量を得ていたのは，西南暖地の県に多かったのに対し，寒冷地での収量は全般に低かった．1960年代以降になると，今日に近い収量水準分布が認めら

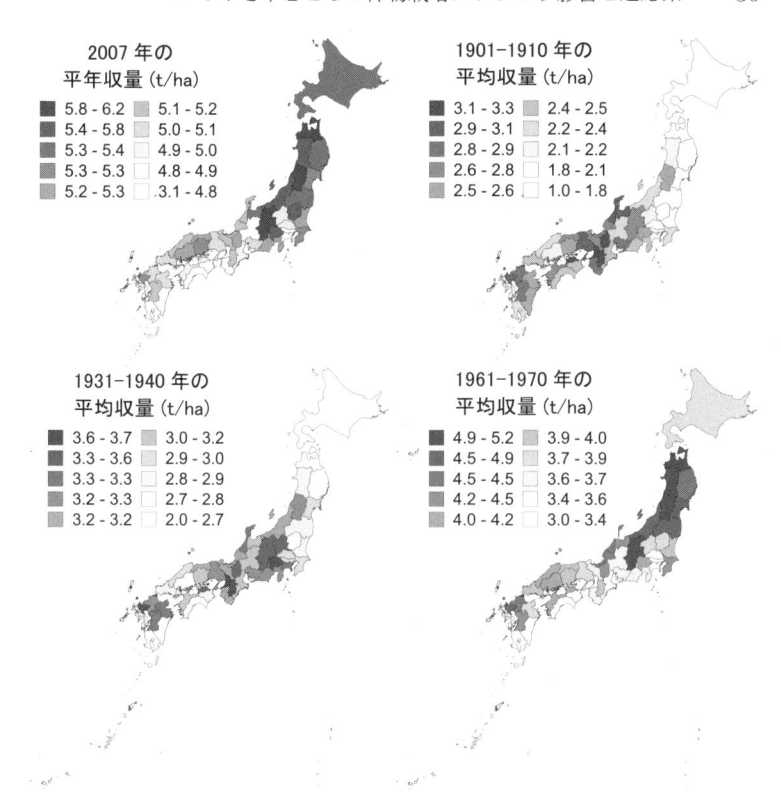

2 イネを中心とした作物栽培におよぼす影響と適応策   39

図2.4 日本の水稲玄米収量の分布とその変遷．ただし，データは農林省累年統計表および作物統計から．

れるようになった．

　日本の稲作において，夏季の低温は最も大きな収量変動要因である．これまでの多くの研究から，花粉ができ始める頃（北日本では7月中旬から8月上旬頃）に低温感受性が最も高くなることが知られている．そのため，北日本では夏の気温と収量との間に高い相関がある．たとえば，過去の北海道のイネ収量と7〜8月の平均気温との関係をみると，気温が20〜21℃を下回ると収量は大きく低下する（図2.5）．ただし，この収量と気温の関係は年代とともに変化した．たとえば1955年以前と1956〜1980年を比べると，比較的高温域（約21℃以上）での収量増加は顕著だが，1981〜現在にかけては，広い

収量(t/ha)

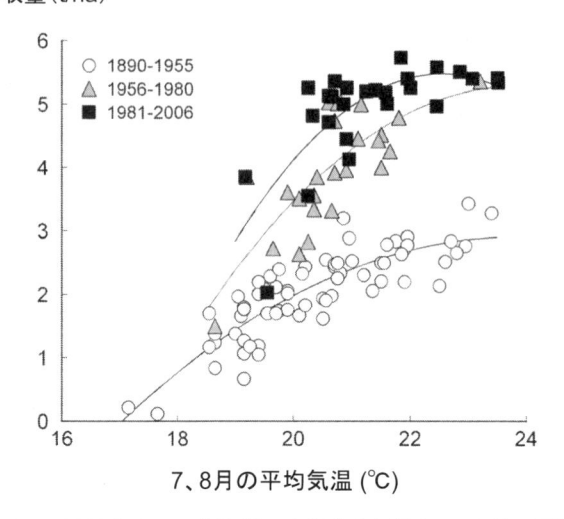

図2.5 1890年から2006年までの北海道の水稲玄米収量と7, 8月の平均気温との関係. ただし, 気温は札幌管区気象台のデータ, 収量は農林省累年統計表および作物統計から.

温度範囲で安定的な収量が得られるようになった. こうした変化には, 20世紀における気候変化ではなく, 直播から移植栽培への転換[4], 保温苗代の開発, 品種の耐冷性や栽培管理技術の向上, 水利施設の設置・圃場整備や産地の変化(悪条件地域の栽培面積の減少)といった多くの要因が関連している. ただし, 20〜21℃以上の温度域では収量は頭打ち傾向にあり, 温暖化が収量にプラスに働く温度域は必ずしも大きくないように見受けられる. 今後の長期的な温暖化予測によると, 温度上昇は高緯度地域の方が低緯度地域に比べて大きいことが多くの全球モデルで示されている. しかし, 気象庁異常気象レポート2005によると, 20世紀の夏の温度上昇は, 西日本では1.16 ± 0.27℃, 北日本では0.53 ± 0.60℃と北日本で低く, 高緯度地域で温度上昇が大きいとする温暖化将来予測の傾向は, これまでのところ日本の夏季気温につい

---

[4] 北海道の稲作で, 日本では特異的に明治後期から直播栽培の普及により水田面積が拡大したが, 昭和初期から保温苗代を利用した移植栽培に移行した. この技術変化は, 生育初期の幼苗を保護することで, 収量向上や安定生産に貢献した.

ては確認されておらず，温度の変動幅も依然として大きい．温暖化は，寒冷地の稲作にプラスの影響をもたらすとの予測もあるが，冷害リスクへの対策は，今後も極めて重要である．

　一方，暖地における低収傾向については，登熟期間の温度の高さが要因の一つと指摘されている．また，先述したとおり，モデルを用いた温暖化の影響評価でも，北日本では増収傾向が，西日本では減収傾向が予測されることが多い．そのため，今後の温暖化が，収量の地域間格差をさらに広げてしまうのではないかとの懸念もある．しかし，日本各地の試験場における同一品種の収量の地域間差を解析した例では，暖地における低収傾向は，高温の直接的な影響よりも，寒冷地に比べて生育期間が短く，生育期間中に受ける太陽エネルギーが少ないことが主因であった（長谷川ら 2007）．さらに，暖地においては寒冷地に比べて窒素施肥量が少ない傾向にあり，このことも収量の地域間差異に影響していることが示唆された．一方，気候資源を十分に活用することによって得られる潜在的収量の分布は，今日の実際の収量分布とは大きく異なり，暖地の潜在収量が寒冷地に比べて明らかに高かった（長谷川・近藤 2007）．すなわち，今日の栽培は，潜在収量からすると抑えた水準で行われており，その傾向は特に暖地において大きいと考えられる．このことは，温暖化環境においても収量を向上させる技術選択が十分に可能であることを示唆している．

　このように，作物生産は気候変化の影響を強く受けるが，過去の収量変化には技術的要因の進歩の影響が極めて大きかった．また，今後の食料生産の動向に関しても，技術的要因の果たす役割はこれまで同様に大きい．実際，IPCC第4次報告で引用された将来の主要穀類生産の予測例（Fischer *et al.,* 2005；Parry *et al.,* 2005）では，気候変化が無い場合のベースラインの食料供給シナリオにおいて，今後もこれまでと同様の技術進歩が続き，作物生産性が向上することを仮定している（たとえば，Parry *et al.*の報告では，先進国，途上国でそれぞれ年0.6％，0.9％の単収増加を仮定）．その結果，ベースラインシナリオでも，2080年の穀類生産は1990年に比べて2倍以上に増加することが予測されている．一方，気候変化が2080年頃の穀類収量におよぼ

す負の影響は，世界平均でみると5％程度以内と見積もられた．ただし，地域的には予測に大きな違いがあり，中高緯度にある先進国では深刻な影響が少ないが，貧困に苦しむ低緯度地域の国々では大きく減収するものと予測されている．その結果，食料生産の南北間差がさらに大きくなり，開発途上国の輸入依存度が高まり，貧困を悪化させるだけでなく，日本の食料事情にも影響することが予想される．

　これらのシミュレーション結果が示唆する点は，次の2点に要約される．1つは，気候変化が作物生産におよぼす影響が地域によって大きく異なる点である．このことは，その適応方法が地域によって異なるというだけでなく，気候変動に対して頑健な食料生産・供給システムを国際的な視点から構築する必要があることを示唆している．限られた輸出国からの食料の安定供給も，気候変化に伴う水資源変動によって脅かされる可能性がある．また，今後も燃料需要や投機的な資金によって国際穀物市場の価格が大きく変動する可能性も否定できない．近年の情報伝達の早さは，市場の反応や変動を大きくしているようにも思われる．カロリーベースで食料の約6割を輸入に依存する日本の食料依存体制も，世界の穀物市場の変動に無関係ではない．すなわち，変動に脆弱な世界食料市場への過度の依存は，国内の食料供給の懸念材料であるとともに，日本からの世界市場に対する需要の大きさは，食料輸入が必要な途上国の食料事情を脅かすことにもつながる可能性がある．今後，国内の農業・食料生産の方向を議論する上では，こうした世界情勢と地域社会のあり方など多面的な視点が必要である．

　もう1点は，将来の食料生産にとっても，生産技術の影響が極めて大きいことである．気候変化の影響を予測する研究において生産技術の向上による収量増加は，過去の趨勢が続くものとして経験的に取り扱われているに過ぎないが，生産技術の進歩の予測が異なれば，将来の食料事情は極めて危険な状態にもなり得る．過去100年間に大きく増加した食料生産は，肥料や農薬などの農業資材の投入と肥料反応の高い品種育成によって支えられた部分が大きいが，これ以上投入量依存型の技術だけでは生産性の向上が難しい段階に到達している．農学にとっての大きな挑戦は，気候変動に対する頑健性と

生産性を併せ持つ新たな生産技術を,継続的に提供し続けることにある.また,農業に対する評価は,単に生産性だけにとどまらない.新たな技術は,温室効果ガスの排出や過剰な肥料・農薬による汚染にも考慮したものでなければならない.総合科学としての農学の力が試されることになる.

4. おわりに

予測されている気候変化は,作物の減収要因となる各種ストレスの頻度や程度だけでなく,作物生産の基盤となる気候要素(農業気候資源)にも影響する.したがって,気候変化への適応には,ストレスに対する対処的な適応と,変化する農業気候資源を有効に活用するような広い意味での適応が必要である.前者には,ストレスを回避する技術や作物のストレス耐性を高めるような技術開発が必要である.またより広い意味での適応では,大気 CO_2 濃度の上昇,温暖化に伴って変化する農業気候資源量を予測し,地域資源を高度に活用する生産技術を提示すること,そしてそれを実現するための生産基盤の必要性と効用を明らかにすることが望まれる.さらに,こうした適応技術の開発には,気候変化に対する作物生産の応答を作物の分子・生理レベルから研究するグループから,地域特性との関連で研究するグループまで,様々なスケールでの取組みが必要である.また,気候変化や食料問題は地球規模の問題であり,国際的な研究ネットワークがこれまで以上に重要になる.特に,世界的に重要な食用作物であるイネに対しては,アジアだけでなく欧米の研究機関も大きな関心を寄せている.問題意識と達成目標を共有するグループで,学際的・国際的な農学研究を推進する必要性がこれまで以上に強まっている.

引用文献

Allen, L. H. Jr., Drake, B. G., Rogers, H. H., Shinn, J. H. 1992. Field techniques for exposure of plants and ecosystems to elevated CO_2 and other trace gasses. *In* Hendrey, GH ed. Critical Reviews in Plant Sciences, 11 : 85-119.

Chen, G. Y., Yong, Z., Liao, Y., Zhang, D. Y., Chen, Y., Zhang, H. B., Chen, J.,

Zhu, J. G., Xu, D. Q. 2005. Photosynthetic acclimation in rice leaves to free-air CO_2 enrichment related to both ribulose-1, 5-bisphosphate carboxylation limitation and ribulose-1, 5-bisphosphate regeneration limitation. Plant Cell Physiol. 46 : 1036-1045.

Fischer, G, Shah, M. Tubiello, F. N., van Velhuizen, H. 2005. Socio-economic and climate change impacts on agriculture: an integrated assessment, 1990-2080. Philos. Trans. R. Soc. Lond. B. Biol. Sci. 360 : 2067-2083.

長谷川利拡・近藤始彦・桑形恒男　2007．日本の水稲収量の地域間差異の生育モデルを用いた解析．日本作物学会紀事224（別2）：164-165．

長谷川利拡・近藤始彦　2007．日本における水稲の収量ポテンシャルの推定―生育モデルからのアプローチ―，日本作物学会紀事224（別2）：166-167．

Hasegawa, T., Shimono, H., Yang, L. X, , Kim, H. Y., Kobayashi, T., Sakai, H., Yoshimoto, M., Lieffering, M., Ishiguro, K., Wang, Y. L., Zhu, J. G., Kobayashi, K., Okada, M. 2007. Response of rice to increasing CO_2 and temperature: Recent findings from large-scale free-air CO_2 enrichment (FACE) experiments. In Aggarwal PK, Ladha JK, Singh RK, Devakumar C, Hardy B, editors. 2007. Science, technology, and trade for peace and prosperity. Proceedings of the 26th International Rice Research Conference, 9-12 October 2006, New Delhi, India. Los Banos (Philippines) and New Delhi (India): International Rice Research Institute, Indian Council of Agricultural Research, and National Academy of Agricultural Sciences. Macmillan India Ltd. 439-447. (http://www.irri.org/publications/catalog/pdfs/science_technology.pdf).

長谷川利拡・吉本真由美・桑形恒男・石郷岡康史・近藤始彦・石丸　努．2009．2007年夏季の水稲の高温不稔調査について，農業および園芸，印刷中．

今木　正・徳永修司・尾原伸哉　1987．開花時刻からみた水稲の開花期高温障害について，日本作物学会紀事　56（別2）：209-210．

金　漢龍・堀江　武・中川博視・和田晋征　1996．高温・高CO_2濃度環境が水稲の生育・収量におよぼす影響，第2報　収量および収量構成要素について，日本作物学会紀事　65 : 644-651．

Kim, H. Y., Lieffering, M., Kobayashi, K., Okada, M., Mitchell, M.W., Gumpertz, M. 2003. Effects of free-air CO_2 enrichment and nitrogen supply on the yield of temperate paddy rice crops. Field Crops Res. 83 : 261-270.

Kimball, B. A., Kobayashi, K., Bindi, M. 2002. Responses of agricultural crops to free-air CO_2 enrichment. Adv. Agron. 77 : 293-368.

Kimball, B. A. 1983. Carbon dioxide and agricultural yield: An assemblage and analysis of 430 prior observations. Agron. J. 75 : 779-788.

Kimball B. A., Kobayashi, K., Bindi, M. 2002. Responses of agricultural crops to free-air CO_2 enrichment. Adv. Agron. 77 : 293-368.

Kimball, B. A, Conley, M.M, Wang, S., Lin, X., Luo, C., Morgan, J., Smith, D. 2008. Infrared heater arrays for warming ecosystem field plots. Global Change Biol. 14 : 309-320.

小林和彦 2001. FACE (開放系大気 CO_2 増加) 実験, 日本作物学会紀事 70 : 1-16.

Kobayashi, T., Ishiguro, K., Nakajima, T., Kim, H. Y., Okada, M., Kobayashi, K. 2006. Effects of elevated atmospheric CO_2 concentration on the infection of rice blast and sheath blight. Phytopathol. 96 : 425-431.

Liffering, M., Kim, H. Y., Kobayashi, K., Okada, M. 2004. The impact of elevated CO_2 on the elemental concentrations of field-grown rice grain. Field Crops Res. 88 : 279-286.

IPCC 2007a. Climate Change 2007: The Physical Science Basis. Solomon S et al eds. Cambridge University Press, Cambridge, UK, 996 pp.

IPCC 2007b. Climate Change 2007: Impacts, Adaptation and Vulnerability. Parry ML et al eds. Cambridge University Press, Cambridge, UK, 976 pp.

Leakey, A. D. B., Uribelarrea, M., Ainsworth, E. A., Naidu, S. L., Rogers, A. Ort, D. R., Long, S.P. 2006. Photosynthesis, productivity and yield of Zea mays are not affected by open-air elevation of CO_2 concentration in the absence of drought. Plant Physiol. 140 : 779-790.

Long, S. P., Ainsworth, E. A., Rogers, A., Ort, D. R. 2004. Rising atmospheric carbon dioxide: plants FACE the future. Annual Review of Plant Biology, 55 : 557

-594.

Matsui, T., Omasa, K, Horie, T. 2001. The difference in sterility due to high temperature during the flowering period among japonica-rice varieties. Plant Prod. Sci. 4 : 90-93.

Matsui, T., Kobayashi, K., Kagata, H., Horie, T. 2005. Correlation between viability of pollination and length of basal dehiscence of the theca in rice under a hot and humid condition. Plant Prod. Sci. 8 : 109-114.

Matsui, T., Kobayasi, K., Yoshimoto, M., Hasegawa, T. 2007. Stability of rice pollination in the field under hot and dry conditions in the Riverina Region of New South Wales, Australia. Plant Prod. Sci. 10 : 57-63.

Morgan PB, Bollero GA, Nelson RL, Dohleman FG, Long SP. (2005) Smaller than predicted increase in aboveground net primary production and yield of field-grown soybean under fully open-air [CO_2] elevation. Global Change Biology, 11 : 1856-1865.

Nakagawa, H., Horie, T., Matsui, T. 2003. Effects of climate change on rice production and adaptive technologies. In Mew, T.W. *et al.* 3eds. 'Rice Science: Innovations and Impact for Livelihood.' International Rice Research Institute, 635 -658.

Parry, M. L., Rosenzweig, C., Iglesias, A., Livermore, M., Fischer, G, 2004. Effects of climate change on global food production under SRES emissions and socio-economic scenarios. Global Environ. Change 14 : 53-67.

Parry, M., Rosenzweig, C., Livermore, M. 2005. Climate change, global food supply and risk of hunger. Philos. Trans. R. Soc. Lond. B. Biol. Sci. 360 : 2125-2138.

Sakai, H., Hasegawa, T., Kobayashi, K. 2006. Enhancement of rice canopy carbon gain by elevated CO_2 is sensitive to growth stage and leaf nitrogen concentration. New Phytol. 170 : 321-332.

Satake, T., Yoshida, S. 1978. High temperature-induced sterility in indica rice at flowering. Japan. J. Crop Sci. 47 : 6-10.

Seneweera, S. P., Conroy, J. P., Ishimaru, K., Ghannoum, O., Okada, M., Lieffering,

M., Kim H. Y., Kobayashi, K. 2002. Changes in source-sink relations during development influence photosynthetic acclimation of rice to free-air CO_2 enrichment (FACE). Functional Plant Biol. 29 : 945-953.

Taub, D. R. Miller, B. Holly, A. 2008. Effects of elevated CO_2 on the protein concentration of food crops: a meta-analysis. Global Change Biol. 14 : 565-575.

Terao, T., Miura, S., Yanagihara, T., Hirose, T., Nagata, K., Tabuchi, H., Kim, H.-Y., Lieffering, M., Okada, M., Kobayashi, K. 2005. Influence of free-air CO_2 enrichment (FACE) on the eating quality of rice. J. Sci. Food Agric. 85 : 1861-1868.

Yang, L. X., Huang, J. Y., Yang, H. J., Zhu, J. G., Liu, H. J., Dong, G. C., Liu, G., Han, Y., Wang, Y. L. 2006. The impact of free-air CO_2 enrichment (FACE) and N supply on yield formation of rice crops with large panicle. Field Crop Res. 2006, 98 : 141-150.

Yang, L., Wang, Y., Dong, G., Gu, H., Huang, J., Zhu, J., Yang, H., Liu, G., Han, Y. 2007. The impact of free-air CO_2 enrichment (FACE) and nitrogen supply on grain quality of rice. Field Crops Res. 102 : 128-140.

Yoshimoto, M., Oue, H., Kobayashi, K. 2005a. Responses of energy balance, evapotranspiration and water use efficiency in rice canopies to free-air CO_2 enrichment. Agric. Forest Meteorol. 133 : 226-246.

Yoshimoto, M., Oue, H., Takahashi, H., Kobayashi, K. 2005b. The effects of FACE (Free-Air CO_2 Enrichment) on temperatures and transpiration of rice panicles at flowering stage. J. Agric. Meteorol. 60 : 597-600.

吉本真由美・松井　勤・小林和広・中川博視・福岡峰彦・長谷川利拡　2007．穂温推定モデルによる水稲の高温不稔の気象的要因の解明，日本作物学会紀事224（別2）：162-163．

第3章
地球温暖化が水産資源に与える影響

桜 井 泰 憲
北海道大学大学院水産科学研究院

1. はじめに

　地球表面の71％を占める海，全人類の食物資源供給の場とすればわずか数％であるが，ヒトが消費する動物性タンパク質の約20％を支え，生命のみなもとである大量の水を蓄え，光の届かない深海は栄養塩類の巨大な貯蔵庫となっている．海洋生態系は水温，塩分や栄養塩濃度などの非生物（物理・化学）環境と，多種多様な生物の相互作用（捕食，寄生，競争，繁殖）を含む生物環境で構成されており，生物間には食う―食われるの複雑な食物連鎖（網）がある．これに加えて，生物の死骸や排泄物を分解して栄養塩類を再生し，再び食物連鎖へ回帰させる微生物ループも存在する．たとえば，マイワシなどが大量に死んで海底に沈んだとしても，その死骸はいつのまにか消えてしまう．ヒトが漁獲して消費したあとも，いずれは有機・無機物質として陸から再び海に戻る．海は，地球生態系の恒常性を維持しながら，たくさんの生命体と海流や湧昇などの3次元的な水の動きによって再生可能で持続的な物質循環系を維持し続けてきた．ところが，21世紀における地球温暖化への懸念は，海洋も例外ではない．特に，これまで海洋は地球の温暖化気体である二酸化炭素を吸収し（Sabine *et al.*, 2004），さらには直接増加した熱を吸収し（Levitus *et al.*, 2005），温暖化の進行を和らげてきた．しかし，その緩和能力も無限ではなく，より激しい海洋環境と海洋生態系の変化が顕在化する恐れがある．温暖化という右肩上がりの時間軸の中で，水産資源や海洋生態

系の変動予測シナリオの提案は,水産資源の持続的利用と資源管理,そして海洋生態系の多様な生物の保全においても極めて重要な課題である.

　水温などの海の環境変化は,直接個々の生物の生存条件として働くばかりではなく,地球温暖化は,暖流を強めて暖海性生物の北上を促し,逆に寒海性生物の激減や生息場所を北上させることになる.また,海面水温の上昇は深層からの栄養塩類の表層への到達を妨げて植物プランクトンの減少を引き起こす可能性が高い.この植物プランクトンの減少は,それを餌とする動物プランクトン,小型・大型魚類,そして海獣類,クジラ類などにつながる食物連鎖を通して,各栄養階層の生物量の減少というボトムアップ的影響をおよぼすことになる.これに加えて,マグロやタラ類などのより栄養階層の高い大型魚類に対する過剰な漁獲は,高次捕食者の減少という形で,トップダウン効果として海洋生態系に影響を与えている.たとえば,高次捕食者の減少は動物プランクトンを餌とするクラゲ類やイカ類,カタクチイワシ類など寿命の短い生物の急激な増加をもたらす可能性が指摘されている(Pauly & Maclean, 2003).一方,自分に適した水温などの環境を能動的に選択できる成魚とは違って,生まれた卵や仔稚魚は環境変化に受身である.そのためわずかな環境変化は,その生き残りに致命的な打撃を与えることになる.

　今,私が最も関心を持つ研究テーマは,「地球温暖化や寒冷・温暖を含む海洋環境変化と漁業を含む人間活動が,海洋生態系の多様な生物の生活史戦略と個体群変動におよぼす影響」である.私が研究しているタラ類とイカ類の飼育実験のきっかけは,個々の生物の繁殖生態などの生活史に関する知見がないまま漁獲物として資源変動解析が行われていることへの,素直な疑問から始まっている.その疑問と,それに対する飼育研究の手法と成果,それをフィールド研究にどのようにフィードバックさせるのか,さらに温暖化を含む気候変化に応答する各生物の資源変動の解明に,その成果をどのように活用するか,現在進行中の研究を含めて紹介する.

2. 気候のレジームシフトと水産資源の変動

気候変化に連動する水産資源の変動の研究事例は，1990年代から急激に増加しつつある．その中で，最も注目されていたのは，中長期の気象変化，特に海水温の寒冷・温暖のレジームシフトに応答する水産資源の変動であった．この詳細については，「レジームシフト：気候変動と生物資源管理（川崎健他／編，成山堂書店，2007）」を参照して欲しい．たとえば，日本のマイワシの爆発的な増加は寒冷レジーム期に，マアジ，カタクチイワシおよびスルメイカは温暖レジーム期に増加している（Yatsu他，2005，図3.1）．しかし，2007年5月に発行されたIPCC（Intergovernmental Panel on Climate Change）

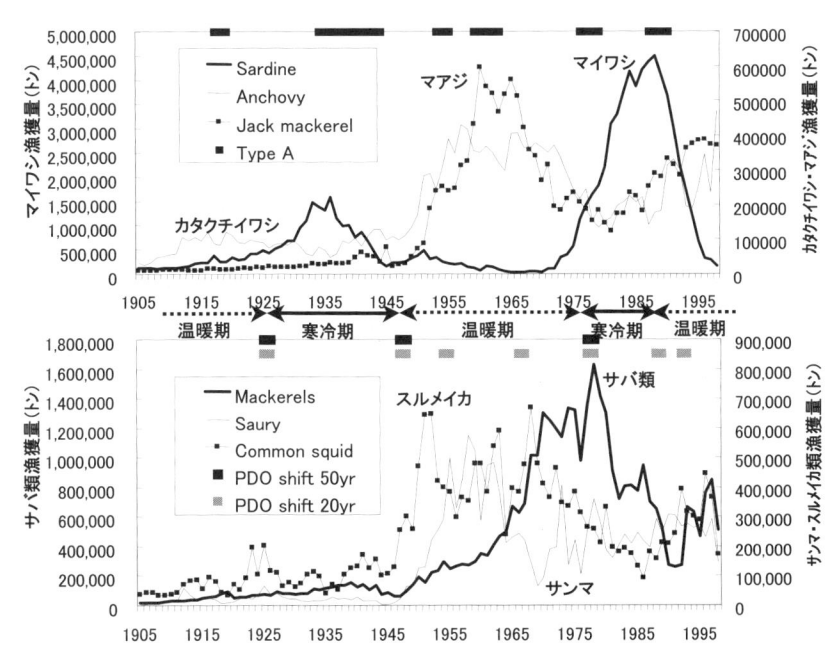

図3.1 20世紀を通した浮魚・イカ類漁獲量の経年変化．選択した環境情報は，黒潮（Type A，大蛇行パターン），50年周期と20年周期のPDO変動（Minobe，2000）．サバ類は，マサバとゴマサバを含む（Yatsu他，2005）．図中の寒冷・温暖レジームは，Minobe（1997）をもとに記入

の第4次報告の温暖化シナリオにあるように（IPCC, 2007），否応なく温暖化を視野に入れた海洋生態系の変化を予測する研究に踏み込まざるをえない状況にきている．つまり，マイワシが復活しないことをも想定した，温暖化を軸とする海洋生物資源のシナリオを描かなければならない．これは，まさに「不都合な真実」である．

気候のレジームシフトや温暖化を軸とする海産生物の分布と資源変動予測の前提として，全生活史を通した生息可能な条件を求める必要がある．その中で，最もその分布を制限し，再生産過程の成否を通して資源変動に影響を与える要因として，生息環境，特に水温があげられる（桜井，2005）．たとえば，産卵から加入までの成否は，最適な再生産環境の拡大・縮小，海流などによる輸送経路などによって決定され，さらに索餌海域までの距離，その海域の広がりや，その環境条件などを求める必要がある．私たちは，スケトウダラ，マダラ，コマイという食用にされるタラ類のほかに，北極海のマイナスの水温に生息するホッキョクダラの飼育に挑戦し，これら4種の産卵行動や卵・仔稚魚が生存できる水温，塩分条件などを明らかにしてきた．さらに，イカ類ではスルメイカとヤリイカの繁殖生態と卵やふ化幼生の最適水温や塩分条件などを調べてきた．イカやタラは一体何度の水温で生存できるか，卵や稚仔が正常に生きることのできる水温はなど，飼育実験による確認が不可欠である．

ところが，身近な魚類，サンマ，マイワシ，カタクチイワシ，サバ類，アジの卵と仔稚魚が生存して，仔稚魚が活発に泳いで餌を食べて成長できる水温範囲は，飼育実験からの検証がほとんど行われていない．最近になって，Takasuka & Aoki (2002, 2006) は，日本周辺で過去数十年間にわたって採集された膨大な浮魚類の卵と仔稚魚サンプルの出現する水温を調べ，マイワシの仔稚魚は約16℃，カタクチイワシ仔稚魚は約22℃で最も良く成長することを発見している．一方，私たちもスルメイカの卵発生とふ化幼生が最も生存に適した水温範囲（18〜24℃，特に19.5〜23℃）を求めている（桜井他，2005）．図3.2に，マイワシ，カタクチイワシ，アジ，マサバ，スルメイカの卵発生およびふ化仔稚魚，幼生が生存できるおよその水温範囲を示した．こ

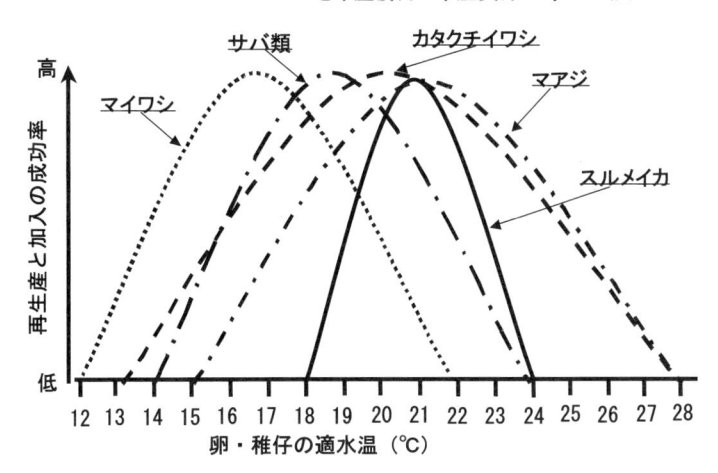

図3.2 魚種交替に関係する浮魚類とスルメイカの卵・稚仔の適水温範囲. 浮魚類は，海で採集された卵・仔稚魚の分布から推定（Takasuka & Aoki, 2002, 2006）. スルメイカは，卵・ふ化幼生の飼育実験に基づく（桜井他，2005）

の模式的な各種の初期生活期の最適な生存水温の違いが，1970年代後半から1980年代末までの北太平洋の水温が低かった寒冷レジーム期にマイワシが爆発的に増加し，1990年以降の温暖レジーム期になると，マイワシは激減してカタクチイワシやスルメイカが増加したヒントを与えている．今後，アジやサバ類の同様の研究が進み，加えて飼育実験による卵，仔稚魚の生存可能な水温などの環境条件がわかれば，日本周辺や世界中の浮魚類の魚種交替や，温暖化に伴う海洋生態系を構成する生物種の資源変動メカニズムの解明に迫ることができる．

3．水産資源変動の温暖化シナリオ

（1）ノルウェーの事例

「20年後には，北極海の夏の海氷が消滅する！」というショッキングなニュースが流れている．IPCCの第4次報告書（要約版，2007）では，人間活動による炭酸ガス排出の増加による地球の温室効果と地球温暖化シナリオが，私たちの将来に突きつけられ，このままでは海水温も2050年には最大で平均2℃上昇，2100年には4℃も上昇すると警告している．地球温暖化が海洋生

態系に与える影響の国際プロジェクトにも関わっている私にも，たくさんの深刻な科学的情報が入ってくる．たとえば，ノルウェーでは沿岸を流れる暖流勢力が強くなり，将来ノルウェー沿岸からタラ類がいなくなるシナリオをすでに作っている．タラ類に加えてニシンやシシャモも，より水温の低いロシア側海域（バレンツ海）に分布域が移ってしまう．これを見越して，すでに20年間にわたって大西洋マダラとハドックなどの完全養殖に挑戦している．2007年には大西洋マダラを数千トン養殖し，10年以内に10万トン規模の生産をめざしている．これにも，長年におよぶタラ類の飼育技術の研究が役立っている．

　ノルウェーのO. Kjesbuら（1994など）の大西洋マダラの飼育研究を紹介する（図3.3）．彼らは，沿岸域に生息するマダラを飼育すると，海では5歳以降に産卵するのに必ず2歳で成熟することに気づいた．これでは1 kgのサイズにしかならない．そこで，日本のアユの電照飼育による成熟抑制にヒントを得て，ノルウェーの冬の日照不足を解消するため，飼育中にも夜間照明を

図3.3　ベルゲン（ノルウェー）近郊の大西洋マダラの養殖施設．フィヨルドを閉鎖してマダラを自然産卵させ，その仔稚魚には外海からフィルタリングして餌となる動物プランクトンを供給．その後，配合飼料を給餌して一定の場所に集まるように馴致し，その場所に設置したネットで幼魚を回収して，網生簀養殖を行う．

使った．アユは，夏以降の日長時間が短くなると成熟，産卵するため，その時期の夜間に照明をつけている．その結果，ものの見事にマダラは産卵せず成長し，5年目には5 kgに成長した．あとは産卵させたい年に照明を消せばよいことになる．ノルウェーの日照条件がマダラの成熟に影響することに気づいた結果，今のタラ類の完全養殖技術が完成した．一方，K. Drinkwater (2005) は，北大西洋全域の大西洋マダラが平均水温1℃から4℃上昇する場合の，各繁殖個体群の崩壊，減少，増加を推定している（図3.4）．ヨーロッパ側は，どんどん海水温が上昇して南から順に繁殖群が崩壊し，逆にカナダ東岸はマイナスの海水がプラスに転ずるため資源は増加すると予想した．この温暖化シナリオにも，大西洋マダラの飼育研究から導かれた卵発生と仔稚魚に適した水温や塩分条件が適用されている．日本の沿岸でも，魚介類・海藻類の海面養殖が盛んに行われているが，今からでも遅くはない．温暖化のシナリオを軸とする水産資源の増養殖のシナリオを描き，将来に向けた早急な対策を講ずる必要がある．

（2）温暖化に対する水産資源の変動予測は可能か

それでは，日本の水産資源がIPCCの第4次報告で提案された21世紀の地球温暖化シナリオに準ずると，どのようになるのか．幸い，水産海洋学分野では気候変化，特にレジームシフトに着目した研究の進展が著しく，温暖化という右肩上がりの時間軸の中での資源変動の究明に取組みうる状況にある．さらに，海洋研究開発機構の地球フロンテイア研究センターと東京大学気候システム研究センターが，海洋の海面水温，流れ場などのいくつかの予測モデルを提案している．これらの結果から，たとえば，2050年に日本周辺の平均海面水温が2℃，2099年には4℃上昇するシナリオを採用して，海流と海洋構造の季節，経年変化が得られれば，以下のような海洋生態系内の変化の予想が可能となる（桜井他，2007a）．

1）各種海洋生物の生活史を通した分布の変化，2）資源変動の主な原因となる再生産-加入過程に与える影響，3）個々の生物種が，温暖化への適応として産卵時期，場所などを変える可能性，4）生活史全体を変化させる可能性

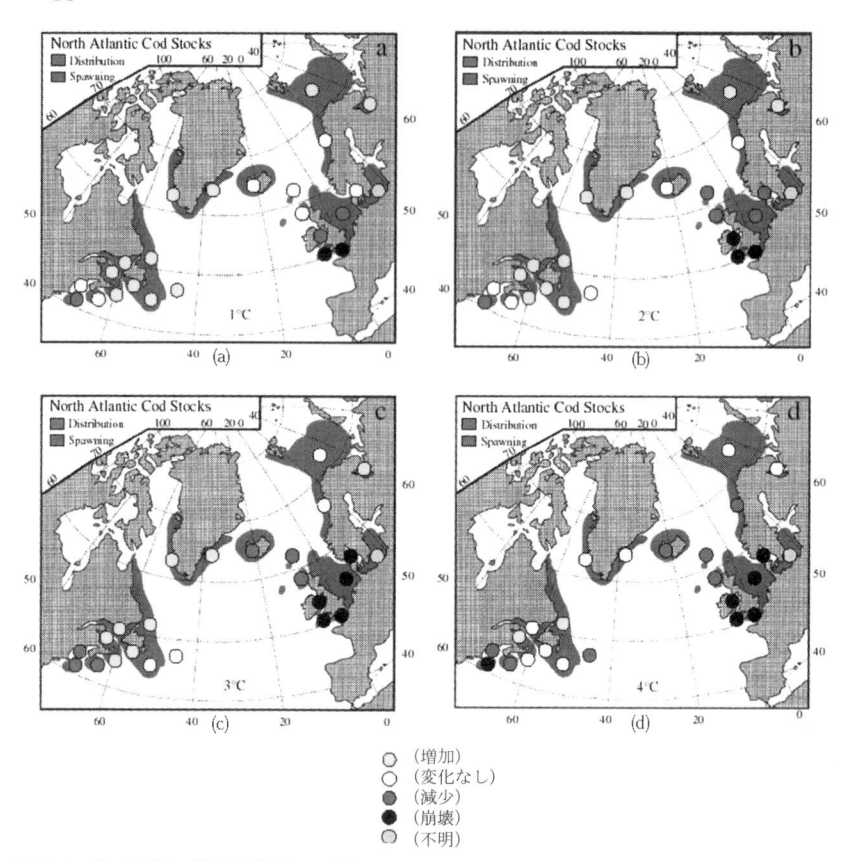

図3.4 北大西洋の海面水温が，現在より1℃ (a)，2℃ (b)，3℃ (c)，4℃ (d) 上昇した場合の大西洋マダラの各地域個体群の資源の変化 (Drinkwater, 2005). 増加：◎，変化なし：●，減少：○，崩壊：●，不明：◎

（例：成長，成熟と年齢関係，回遊経路，産卵様式など），5) 温暖化に応答する生活史変化に伴う資源豊度の増加，減少，あるいは絶滅リスク，6) 温暖化に伴う物理，化学，生物環境変化が海洋生態系を構成する生物多様性と種間関係（例：食物網）の変化を引き起こす可能性，などである．

おそらく，ここで列記した項目で，今大胆に予想できるのは1)から3)である．4)から6)の項目については，単に水温などの物理的海洋構造の変化だけでは，予測することは難しい．しかし，温暖化を軸とした場合も，単一

種の水産資源の管理ではなく,生態系全体の多様性と保全を考慮した複数種の資源管理,たとえば減ると予測する魚種には厳しい資源管理基準を,増加する資源には持続可能な資源利用を図るなど,生態系の多様性を保全した資源管理(EcosystemBased Fisheries Management)や,予防的原則に基づく順応的漁業(資源)管理(Adaptive Fisheries Management)が求められている.具体的な例として,ある海域で延縄によるスケトウダラ漁業が行われている場合,温暖化シナリオでは確実にその漁業の衰退が見込まれるとする.しかし,これに替わってスルメイカ,サバ類,マグロ類がこの海域に来遊するとすれば,それに応じた順応的漁業の転換が必然的に生ずることとなる.これは,沿岸の海藻類,魚介類養殖にも当てはまる.水産資源の持続的利用のためには,温暖化のデメリットだけではなく,メリットも検討する時期に来ていると主張したい.

4. 気候変化に応答するタラ類資源の変動

マダラとスケトウダラは重要な水産資源であるため,その資源の動向が注目されている.1990年代以降は日本の周辺の海水温はそれ以前より高くなっており(温暖レジーム期),青森県陸奥湾を産卵場とするマダラ漁獲量の激減,あるいは日本海,オホーツク海のスケトウダラ漁獲量も減少傾向のままである.これらタラ類資源の変動の解明,資源の維持あるいは増やすためには,両種の繁殖の特徴を考慮して,資源管理および資源の培養方策を検討する必要がある.

スケトウダラは,卵・仔稚魚が表層水の動きに依存して生残できる海域を産卵場として選択していると考えられる.卵と仔稚魚が生存できる水温は,およそ2℃~7℃の範囲である.本種は産卵に適した水温の水塊内で,雌雄一対による雄が雌を腹鰭でさかさまになった状態で抱き,中層で産卵していると想定される(Sakurai, 1989, 2007).すなわち,産卵に適した水塊の時期的・地理的移動が生じたとしても,それに併せて産卵場所を移動・選択できる水塊依存型産卵をしている(図3.5).しかも,長い産卵期間に繰り返し産卵することによって,いずれかの産卵された卵が生残できるという繁殖戦略

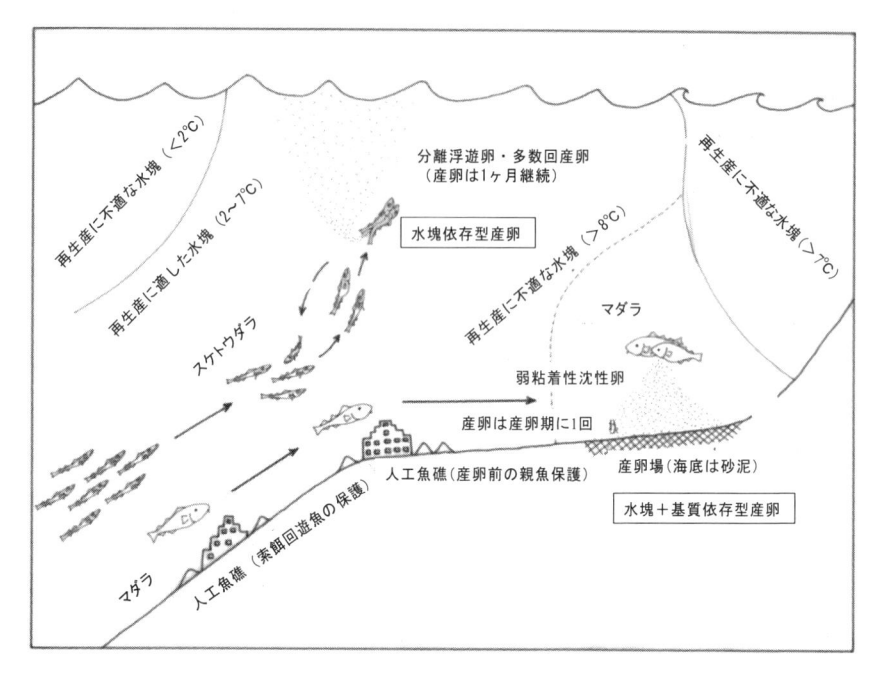

図3.5 マダラとスケトウダラの再生産過程の比較 (Sakurai, 2007)

をしている．Suzaki他(2003)は，1970年以降の東北海域におけるスケトウダラの漁獲量と，東北海域沿岸の水温を比較した．その結果，およそ2～7℃の親潮系混合水が2～3月に東北沿岸に接岸する年代が続くとスケトウダラ漁獲量が増加し，逆に2℃以下の冷たい親潮系水が接岸した年や，7℃以上の暖水が沿岸を覆っていると漁獲量が激減することを明らかにしている（図3.6）．特に1990年代からは暖水が覆うことが多く，この年代からスケトウダラの漁獲量が急激に減少している．このように，スケトウダラは卵・仔稚魚の時代に生き残れる適水温帯の中で成長し，その後陸棚へと移動できることが資源の増加につながっている．温暖化が続けば，東北海域まで広がっていたスケトウダラの生息場所は，次第に北海道より北へと偏って行くことになる (Sakurai, 2007)．

一方，マダラの場合は，砂泥状の産卵場を選択し，産卵された卵は海底に

タイプ A (異常寒冷)　タイプ B (寒冷)　タイプ C (温暖)

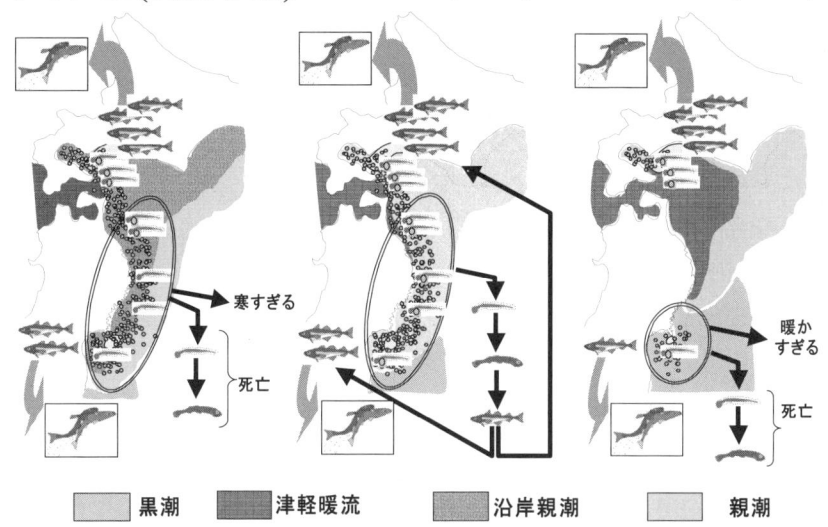

図3.6　異常寒冷年，寒冷年，温暖年における東北海域のスケトウダラの再生産過程の比較（Suzaki 他，2003，Sakurai，2007）

沈むという基質依存型産卵をしている（Sakurai & Hattori, 1996）．しかも産卵の仕方はスケトウダラとまったく違って，雌雄が抱き合うことはなく，雌の卵放出に刺激された雄が一気に精液をかけて受精させる（図3.5）．1回の産卵ですべての卵（数百万粒）を放出しており，個体レベルでの繁殖成功度は不安定と考えられる．こちらの卵・仔稚魚が生存できる水温は，スケトウダラよりやや高い2〜8℃と推定されている．もし，砂泥の海底に局所的に存在する産卵場の南限で，海洋環境が温暖レジーム期に入り，再生産に不適な8℃以上の高温水が産卵場を覆う年が続けば，その資源の急激な減少をもたらす．青森県の陸奥湾は，昔からマダラの産卵場があり，産卵のために湾内へ回遊するマダラを底建網という漁法で漁獲しており，青森では冬の大切な魚として珍重されてきた．ところが，このマダラも1990年代に入って津軽海峡の太平洋側に面する北海道恵山沖では延縄で漁獲されているにも関わらず，陸奥湾湾口部での漁獲は激減している．おそらく産卵に接岸してきたマ

ダラは，従来の産卵場が高水温のため，他の産卵場へと移動している可能性が高い．8℃か9℃かというわずかな変化がもたらした現象と推定される．

5．スケトウダラ資源の温暖化シナリオ

前述したように，現段階では海水温の上昇が各水産生物の再生産過程の成否にどのように影響するかなど，過去のレジームシフトに対する水産資源の変動研究に基づいて，多少大胆なシナリオは提示できる．ここでは，著者らが研究している亜寒帯海洋生態系の鍵種であるスケトウダラの温暖化に伴う資源変動シナリオの概要を紹介する（桜井他，2007b）．ここでは，スケトウダラの再生産に適した水温条件と海底地形に着目し，これに索餌・成長海域の環境条件（水温）を加味して，現在，50年後（海面水温SSTで平均2℃上昇），100年後（SSTで4℃上昇）の海水温変化に伴う分布・資源変動の予測を試みた．

日本周辺海域のスケトウダラは，便宜的に資源評価の単位となる各地方系群が定義されている．海域別では，オホーツク海全域（根室海峡を含む）の各系群，日本海・沿海州沖系群，北部日本海系群で，いずれも1980年代後半から漁獲量の急激な減少が生じている．北西太平洋およびその隣接海域では，1976／77年の温暖レジームから寒冷レジーム期へのシフト，1988／89年には再び温暖レジーム期へのシフトが知られている．スケトウダラ資源量（漁獲量）は，1990年代以降の温暖期に減少に転じている．

スケトウダラの産卵場は，陸棚―陸棚斜面に形成され，産卵された分離浮遊卵と仔稚魚は2～7℃で最も生残率が高い．冬季鉛直混合する海域（北海道太平洋，日本海）では，受精卵は海面近くまで上昇することから，それらが生残できる海面水温（SST）の2～7℃が適用できる．2005年，2050年，および2099年のSST水温分布は，河宮他（2007）のデータを使用した．細かな解析手法については割愛する（詳細は，桜井他，2007b）．

2005年（現在）でも，すでに1970年代以前に存在していた本州西部日本海，北部日本海の新潟沖の地方群は激減の状態にある．さらに，沿海州側の地方群も激減しており，北海道南部以北の北部日本海系群，オホーツク南部，

根室海峡群も1990年代以降減少している（図3.7）．ただし，1990年代以降では，根室海峡群は低水準のまま「現状維持」されているとの前提で，100年後までの解析に用いた．2050年，2099年と平均海水温を2℃，4℃と上昇させる場合，その影響は，日本海で顕著に資源の減少，あるいは激減となる（図3.6）．ただし，太平洋系群では，東北海域までの分布は制限されるものの資源は「現状維持」と推定された．これは，親潮，特に沿岸親潮の水温は2～7℃の範囲を保っており，その南下勢力は衰退しないためと考えられた．この親潮の流量と南下勢力を駆動するアリューシャン低気圧の強化が想定されるが，今後の気象変動予測の結果を持って，さらに精度の高い予測に展開する必要がある．

今回の温暖化に伴うスケトウダラ資源変動の予測では，オホーツク海における季節海氷の消長が欠落している．オホーツク海（根室海峡を含む）では，海氷状

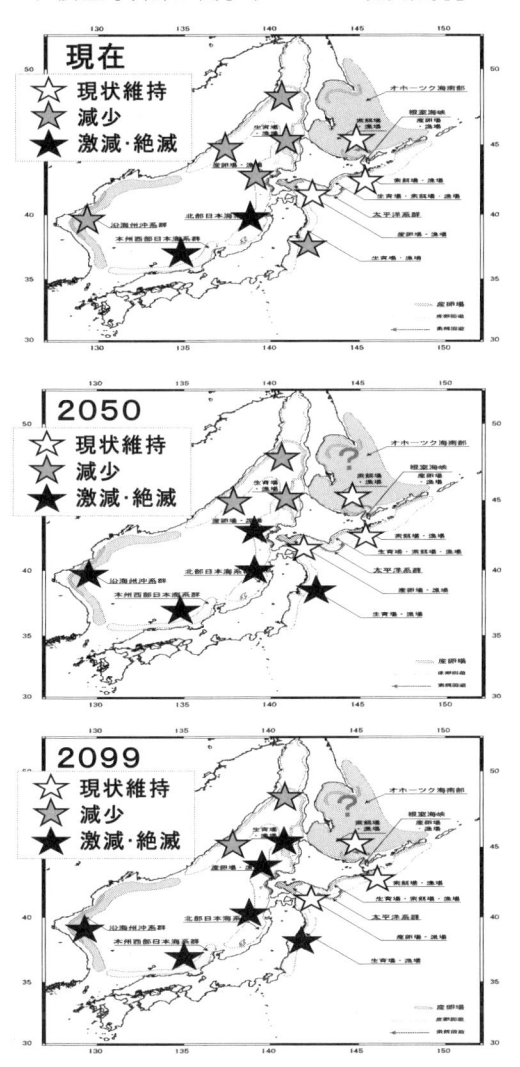

図3.7 IPCCの地球温暖化シナリオ（2050年に水温2℃上昇，2100年に水温4℃上昇する場合）に基づくスケトウダラ地方個体群の資源予測（桜井他，2007）

況，マイナス水温の中冷水の動向が不明な場合には予測が困難である．また，季節海氷が存在しない場合には，オホーツク海と根室海峡，一部は沿岸親潮域まで低塩分なマイナスの低温水が海面を覆ってしまう．スケトウダラの浮遊卵が，こうした低塩分・低温な表層水にさらされる場合，その生残は著しく低下する可能性がある．しかし，南東ベーリング海では，海氷の少ない温暖レジーム期にスケトウダラの卓越年級群が発生し，北部オホーツク海（カムチャツカ半島東西沿岸）では海氷が多い寒冷レジーム期にスケトウダラ資源が増加する．中層で産卵された卵は，分離浮遊性を持ち海面へと発生しながら上昇する．もし，発生途中の卵が，発生に適さない暖水やマイナスの冷水にさらされたら，その生存は可能か．温暖化を視野に入れた新たな飼育実験テーマである．

同時に，季節海氷の衰退に伴う氷縁域での鉛直混合と，その後の成層化は，植物プランクトンのブルームに続く動物プランクトンの再生産を促進し，スケトウダラ仔稚魚の生残を高めると推察される．もし，低塩・低温水が海面をフィルム上に覆う場合に，同様な一次生産構造と高い生産力が維持されるかは，まったく不明なままである．親潮生態系を含む北太平洋西部亜寒帯海域は，オホーツク海で形成される栄養塩などの一次生産を支える中冷水の生産の場である（Ohshima 他，2001）．時空間的な長中期の海洋環境変化に亜寒帯海洋生態系の構造と機能がどのように応答して変化するのか．いっそうの調査・研究が必要である．

6．スルメイカ資源の温暖化シナリオ

イカ類が世界の海の卓越種となる時代が来るかもしれない．現に，夏―秋の日本海ではネクトン類の 80 ％をスルメイカが占めているといわれている．ダイオウイカのような巨大なイカを除いて，その多くの寿命は 1 年以内と短命である．たとえば，アメリカ太平洋側に生息するアメリカオオアカイカ（1 年で体重 20 kg 以上に成長）では，その急激な資源増加と分布拡大がマグロ類資源の減少の一因と疑われている（CLIOTOP／GLOBEC ワークショップ，2006 年 11 月，ホノルル）．1 年で食物連鎖の低次から高次捕食者に変身する

イカ類は，海洋生態系の鍵種であり，気候変化に応答する指標種といえる．

まず，気候変化にどのように応答してスルメイカの再生産の成否が決定するかについて，その再生産仮説を紹介する．さらに，この仮説に基づいて，寒冷・温暖レジームシフトに応答する資源変動の検証と，IPCCによる温暖化シナリオ（第4次報告，2007）に準拠して，21世紀におけるスルメイカの生活史，回遊，資源がどのように変化するかについて，現時点での解析結果を紹介する（桜井他，2007b）．

（1）スルメイカの再生産仮説と再生産海域のマッピング

著者らは，スルメイカの再生産仮説として，「スルメイカの産卵場を含む再生産可能海域は，陸棚―陸棚斜面（100〜500 m）域の表層水温18〜23℃（特に19.5〜23℃）で，表層暖水の混合層深度が中層に存在する海域（図3.8）」を提案した（桜井他，2005，宮長・桜井，2005）．ここでは，その実験・実証の背景は省略するが，この新再生産仮説は，水槽内での産卵実験，人工授精による卵発生実験，ふ化幼生の各水温における遊泳行動実験，実際の産卵海域

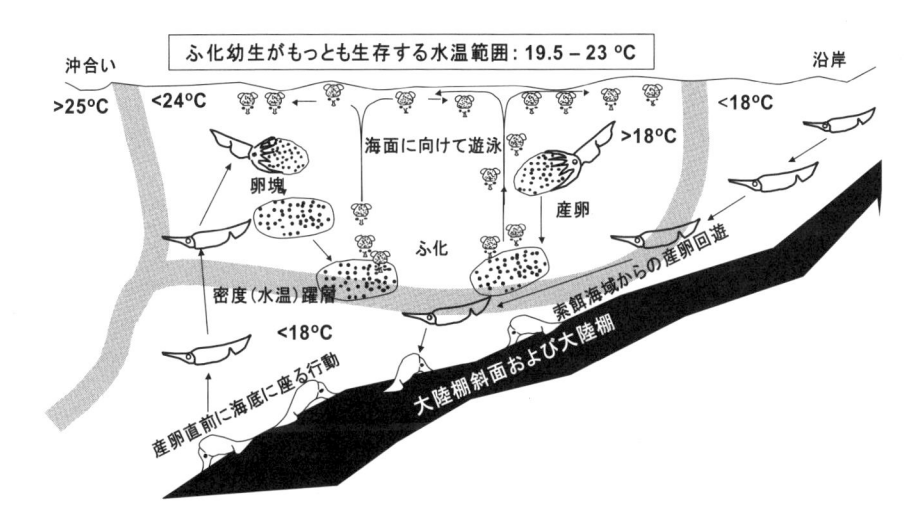

図3.8 スルメイカの再生産過程の模式図（Sakurai他，2001，桜井他，2005，宮長他，2006に基づいて作成）

に出現するふ化幼生の分布水温と産卵個体が採集される陸棚—陸棚斜面の水深などの知見に基づいており，かなり限定された再生産に適した海洋条件を設定することができた．

　これを用いて，ある年のスルメイカにとっての好適な「再生産可能海域」が，季節的にどのようになっているかを，たとえば縮小や拡大などをモニタリングすれば，少なくとも翌年の資源水準が極端に変化することを予測できる．これに，標識放流や南下回遊時のスルメイカの漁場位置などから，その産卵回遊経路の変化をモニタリングし，さらに産卵場の拡大・縮小や移動を加えて解析すれば，その再生産の成否が予測可能である．同時に，気象のモニタリングによる冬季季節風の強さなどから寒冷—温暖レジームシフトが予知されるならば，より精度よくスルメイカ資源の資源動向予測も可能となる．

（2）温暖化シナリオの解析条件の設定

　スルメイカ資源は，気候変化に応答して寒冷レジーム期には，特に冬生まれ群が減少，温暖レジーム期には秋・冬生まれ群ともに増加する（Sakurai *et al*., 2000, 2002, 2003）（図3.9）．この資源変動は，気候変化に伴う冬季季節風の強さ，海面気温，再生産に適する水塊，季節的混合層深度の変化に応答する再生産海域の拡大・縮小が，資源水準に大きく影響すると考えている．たとえば，1988／1989年の寒冷レジームから温暖レジームへの海洋環境変化に伴うスルメイカ資源の増加は，1980年代後半から1990年代前半の冬季季節風の弱まりと海面気温の上昇に伴う混合層深度MLDの経年変化が，同時期の冬生まれ群の急激な増加と一致することを確認した（桜井他，2003）．

　新再生産仮説から，陸棚斜面域（水深100〜500 m）上で，衛星画像などによって18〜23℃（特に，19.5〜23℃）の海表面水温（SST）の海域を抽出すれば，それがふ化したスルメイカ幼生が最も生残できる海域，つまり「再生産海域」とすることができる．本解析では，台湾以北の東シナ海—日本周辺海域における水深100〜500 mの陸棚—陸棚斜面が存在する1度メッシュのすべてのセルを対象とした．今回の解析には，1970〜80年代の寒冷レジーム

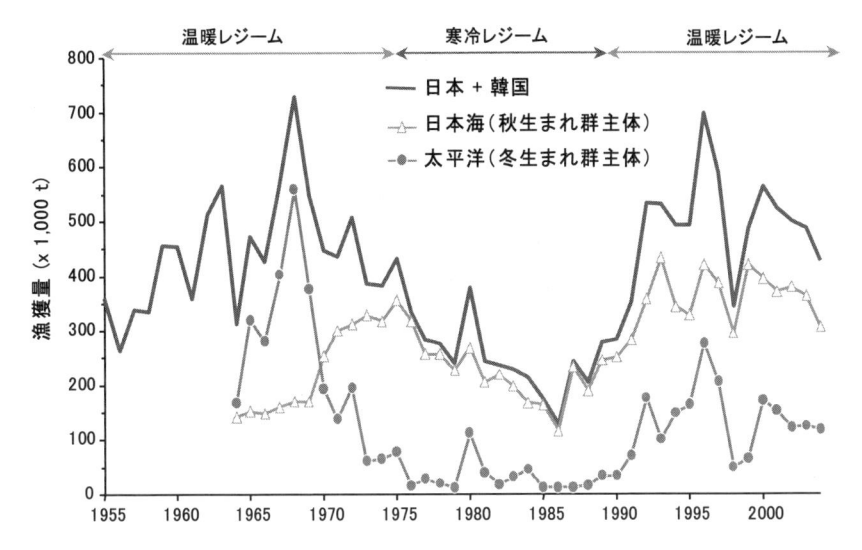

図3.9 過去50年間(1955～2004年)におけるスルメイカの日韓合計,日本海(秋生まれ群が主体),および太平洋(冬生まれ群が主体)における漁獲量の推移(76／77,88／89レジームシフトを図上に標記)(北海道区水産研究所・森　賢博士提供)

期,1990～2005年の温暖レジーム期,2050年(平均海面水温が2℃上昇と設定),および2099年(平均海面水温が4℃上昇と設定)における再生産可能海域と回遊経路などを比較した.スルメイカ資源は,秋・冬生まれ群によって支えられているが,春・夏産卵群も存在し,ほぼ周年にわたってどこかで産卵している.つまり,季節的なSST変化は,各季節産卵群の資源豊度や回遊にも影響を与える可能性があるため,すべての季節を対象にした.

また,索餌回遊期におけるスルメイカの分布の水温範囲として,SSTの12～23℃を採用した.生息下限水温をSST 12℃とした理由は,日本海におけるイカ釣り漁船の漁場分布がSST 12℃以下の海域にほとんどないこと(木所,私信)による.さらに,スルメイカの飼育実験では,12℃条件では1～2週間しか生存しない可能性を見出している(現在研究継続中).本種は,索餌回遊時には日中は深層,夜間は表層へと日周鉛直移動しており,その経験水温は幅広いはずである.なぜ,一定の12℃条件で長期間生存できないかは不

明であるが，本解析の生息下限水温として利用できる．一方，生息上限水温23℃は，これ以上の水温では衰弱死亡するという事実に基づいている．イカ釣り漁業者の経験からも，活スルメイカを船内の水槽で蓄養する場合に，23℃以上では生存率が極端に減少することが知られている．以上のことから，本種の索餌回遊期における分布水温として，SST12～23℃を解析に用いることができる．

(3) 過去・未来を通したスルメイカ資源変動のシナリオ

以上に示したようなスルメイカの再生産から回遊までの環境条件を加味して，1970～80年代の寒冷レジーム期，1990年以降の温暖レジーム期，さらに温暖化シナリオに準じて，特に気候変化に最も応答する再生産の成否を通した資源変動シナリオを以下のように提案する（図3.10, 11）．

寒冷レジーム期 (1970年後半～80年代)：冬季季節風が強く，日本海の冷水域が拡大し，冬季鉛直混合が強化される．そのため，南下する産卵回遊ルートが対馬暖流勢力下の本州日本海沿岸に集中する（木所他，2003）．秋生まれ群の再生産海域は，この沿岸域に収斂し，冬生まれ群の東シナ海陸棚斜面上の再生産海域は，中国沿岸からの冷水に覆われて縮小するか，台湾北側に限定される．秋生まれ群よりも冬生まれ群が顕著に減少する（Sakurai *et al.*, 2002）．このような寒冷レジーム期には，産卵盛期は10～12月に収斂している．その後の索餌回遊経路も日本海を中心とし，漁期も夏―秋と短くなっていた可能性がある．さらに注目すべき現象として，東シナ海を産卵場とする冬生まれ群の主な漁場が，韓国西岸の黄海に形成されていたことがあげられる（崔，2003）．これは冬季の産卵場が台湾以北の狭い陸棚―陸棚斜面域に形成され，その後の索餌回遊経路が黄海への暖流に乗っていたことが想定される．

温暖レジーム期 (80年代以降)：冬季季節風は弱く，日本海の冷水域は縮小して本種の産卵に適する密度躍層が発達する（桜井他，2003）．産卵回遊は，秋―冬を通して産卵海域と連なる．再生産海域は，秋には日本海南西部―対馬海峡，冬には対馬海峡―東シナ海陸棚斜面域へと季節的に重複しながら形

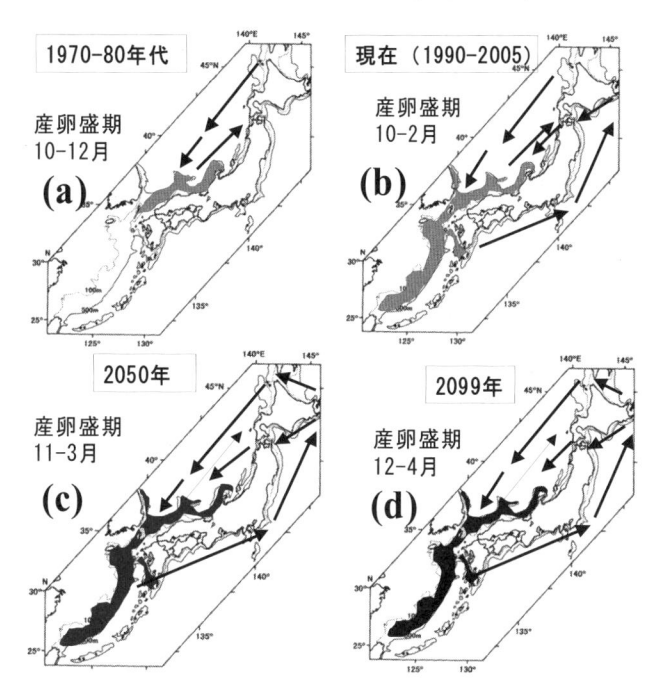

図3.10 (a) 1970～80年代（寒冷レジーム期），(b) 1990～2005年（温暖レジーム期），(c) 2050年（海水温2℃上昇），(d) 2099年（海水温4℃上昇）におけるスルメイカの再生産海域予想図．予測は，河宮他（2007）の海洋環境予測に基づいた．（桜井他，2007）

成される．冬季の再生産の成功は，ふ化幼生の黒潮内側に沿った太平洋北上ルートをもたらす．秋―冬を通した再生産環境の好転により，冬生まれ群の増加が特に顕著となる．このような，温暖レジーム期には，産卵盛期は10～2月と秋―冬に連続している．現在，スルメイカの新再生産仮説を用いて，最近年における各月の再生産海域をマッピングして，その変化を調べている．その中で，2006年2月に東シナ海の再生産海域の台湾以北への縮小が検出できた．この現象は，2005年12月10日から2006年1月20日の40日間における厳冬イベント（花輪，私信）と一致しており，一時的な寒冷レジーム期に近似した再生産海域の縮小と推定された．また，2007年10月は，日本海南西海域の再生産海域を23℃以上の暖流が覆っており，再生産海域の顕著な縮小が

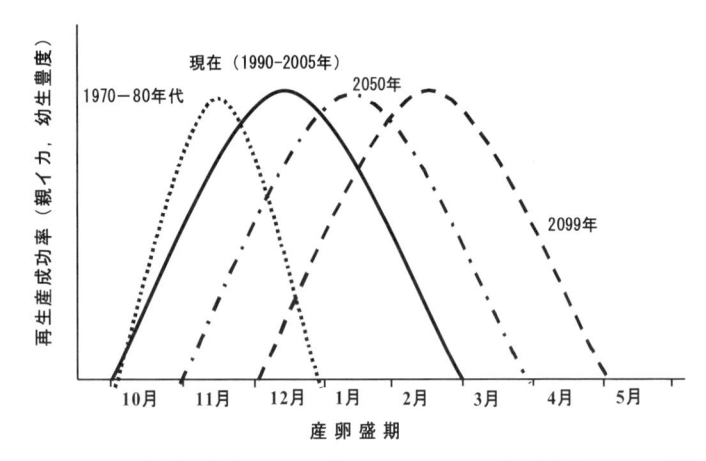

図3.11 1970～80年代(寒冷レジーム期), 1990～2005年(温暖レジーム期), 2050年(海水温2℃上昇), 2099年(海水温4℃上昇)におけるスルメイカの再生産成功率(指標は, 親イカ資源豊度, 生残する幼生豊度)と産卵盛期の予測図. 予測は, 河宮他(2005)の海洋環境予測に基づいた. (桜井他, 2007)

認められた. これらの再生産海域のマッピングや漁場変化の情報によって, 寿命が1年のスルメイカの翌年の資源豊度や回遊経路変化を予測できる可能性がある.

21世紀の温暖化シナリオ:ここでは, 河宮他(2007)の温暖化シナリオに準拠して, 50年後にSSTが2℃上昇, 100年後に4℃上昇すると設定した. 索餌回遊時の低温限界水温(SST, 12℃)域は, 50年で緯度にして2度づつ北上する. 主な再生産海域は100年間を通して, 日本海から対馬海峡—東シナ海に形成され, 温暖レジーム期と変わらないように見える(図3.10). しかし, 産卵盛期は, 現状は10月～2月(秋—冬群主体)であるが, 50年後は11月～3月, 100年後には12月～4月(冬—春群主体)へと変化して行く(図3.10, 11). 本種の再生産海域は, 陸棚—陸棚斜面域で, SST水温範囲は, 18～23℃, 特に19.5～23℃であることはすでに紹介した. これに基づくならば, 季節を通してその条件を満たす海域が, すべて「再生産可能海域」と抽出できることになる. しかし, 図3.10に示すように, この新再生産仮説の条件を満たす海域の広がりは, 現在と同様に日本海南西部—対馬海峡—東シナ海であ

る．温暖化に伴って，秋の日本海は SST 23℃を超えるため，秋の日本海南西部での再生産は難しくなる．この23℃を下回る冬以降へと産卵期がシフトすると推定される（図3.11）．また，最も重要なスルメイカ生活史の特徴として，四季を通した産卵群が存在することにある．つまり，最も広大な再生産海域（日本海南西部―東シナ海）が，いつ再生産に適した水温条件になるかが，その季節発生群の消長を決定すると考えられる．このように，水温上昇に伴って産卵盛期が秋―冬から冬―春にシフトすれば，その結果として索餌回遊経路も変化すると想定できる．

また，図3.10に示すように，黒潮内側域に沿った太平洋北上索餌回遊が多くなる可能性がある．索餌回遊海域（SST：12～23℃）も道東太平洋やオホーツク海へと北上すると推定される．さらに，産卵のための南下回遊は，これまでどおり日本海経由と予想される．これは，標識放流による再捕結果からも，本州以南の黒潮海域を遡る産卵回遊はほとんどないことに基づいている（木所他，2004）．もし，このような索餌・産卵回遊と産卵盛期の季節的シフト，および再生産海域が常に日本海南西部―東シナ海に形成されるした場合，これまで以上の生活史を通した長距離回遊になることが考えられる．これに伴う摂餌・成長・代謝へのエネルギーコストや配分も大きく変化することが想定され，栄養動態モデルなどによる解析が必要である．

本解析からは，温暖化に伴って資源豊度がどのようになるかは，精度よく推定できていない．しかし，現在の高い資源豊度を支える秋―冬生まれ群が，冬―春生まれ群にシフトするだけとした場合には，寒冷レジーム期のような資源豊度の極端な減少はないと推定される．

7．温暖化に負けない水産業をめざして

多獲性魚類の魚種交替や資源変動は，わずかな水温変化を伴う寒冷―温暖レジームシフトに連動した現象である．右肩上がりの温暖化に伴う水温上昇は，海洋生物種の再生産の成否を通した資源豊度に最も大きな影響を与えることになる．多様な海洋生物の資源変動に対する気候変化の影響は，限られた知見しかない現状ではあるが，ここで紹介したように，水温などの環境変

化に非常に敏感に反応している.また,今回は触れなかった二酸化炭素の増加に伴う海洋の酸性化は,カルシウムを体内器官に持つすべての海洋生物に危機的な状況をもたらす(Fabry他,2008).地球温暖化を含む気候変化や漁業などの人間活動に伴う海洋生物の資源変動を解明するに当たり,個々の生物の生活史を通した環境変化に応答するメカニズムの解明という地味な研究も大切である.もし,その情報が蓄積されれば,地球規模での温暖化や海洋環境のレジームシフトなどのような,海洋環境のダイナミックな動態の中での個々の生物の生残プロセスへと展開できるはずである.そして,海洋生態系がどのように変わって行くかを予測し,それに応じた水産資源の持続的利用を私たちはめざす必要がある.同時に,これ以上の温暖化を防ぎ,未来を担う子供たちが,いつまでもおいしい魚を食べることのできるよう,私たちは大きな役割を担っている.

引用文献

Drinkwater K. 2005. The response of Atlantic cod (*Gadus morhua*) to future climate change, ICES Journal of Marine Science, 62, 1327-1335.

Fabry, V. J., B. A. Seibel, R. A. Feely, and J. C. Orr 2008. Impacts of ocean acidification on marine fauna and ecosystem processes. ICES Journal of Marine Science, 65 : 414-432.

IPCC 2007. Climate Change 2007: The physical science basis. Cambridge Univ. Press, Cambridge and New Yolk. 1-996.

河宮未知生・羽角博康・坂本 天・吉川知里 2007. 気候モデルによる地球温暖化時の海洋環境予測, 地球規模海洋生態系変動研究(GLOBEC)-温暖化を軸とする海洋生物資源変動のシナリオ, 月刊海洋, 5 : 285-290.

川崎 健・花輪公雄・谷口 旭・二平 章 2007. レジームシフト—気候変動と生物資源管理 初版. 成山堂書店, 東京. 1-216.

木所英昭・後藤常夫・笠原昭吾 2004. 日本海におけるスルメイカの産卵場の変化と海洋構造との関係. 平成15年度イカ類資源研究会議報告, 日水研, 89-99.

Kjesbu O. S. 1994. Timing of start of spawning in Atlantic cod (*Gadus morhua*) females in relation to vitellogenesis oocyte diameter, temperature, fish length and condition. J. Fish Biol., 45: 719-735.

Levitus S., J. Antonov and T. Boyer 2005. Warming of the world ocean, 1955-2003, Geophysical Research Letters, 32, L02604, doi: 10.1029/2004GL021592.

宮長 幸・桜井泰憲 2005. スルメイカ *Todarodes pacificus* リンコトウチオン幼生の遊泳と水温の関係. 平成16年度イカ類資源研究会議報告 (日本海区水産研究所), 17-19.

Ohsima, K. I., G. Mizuta, M. Itoh and Y. Fukamachi 2001. Winter oceanographic conditions in the southwestern part of the Okhotsk Sea and their relation to sea ice. Journal of Oceanography 57, 451-460.

Pauly D and J. Maclean 2003. In a perfect ocean: the state of fi sheries and ecosystems in the North Atlantic Ocean (Washington, DC: Island Press)

Sabine C. L, R. A. Feely, N. Gruber, R. M. Key, K. Lee, J. L. Bullister, R. Wanninkhof, C. S. Wong, D. W. R. Wallace, B. Tilbrook, F. J. Millero, T.-H. Peng, A. Kozyr, T. Ono and A. F. Rios, 2004. The oceanic sink for anthropogenic CO_2, Science, 305, 367-371.

崔 淅珍 2003. 韓国のイカ釣り漁業, 269-292, (有元貴文・稲田博史 編), 「スルメイカの世界」, 成山堂書店. (2003)

Sakurai, Y. 1989. Reproductive characteristics of walleye pollock with special reference to ovarian development, fecundity and spawning behavior. Proceeding of the International Symposium on the Biology and Management of Walleye Pollock, Alaska Sea Grant Report 89, 97-115.

Sakurai, Y. and T. Hattori 1996. Reproductive behavior of Pacific cod in captivity. Fisheries Science, 62: 222-228.

Sakurai, Y., H. Kiyofuji, S. Saitoh, T. Goto and Y. Hiyama 2000. Changes in inferred spawning areas of *Todarodes pacificus* (Cephalopoda: Ommastrephidae) due to changing environmental conditions. ICES Journal of Marine Science, 57: 24-30.

Sakurai, Y., H. Kiyofuji, S. Saitoh, J. Yamamoto, T. Goto, K. Mori and T. Kinoshita

2002. Stock fluctuations of the Japanese common squid, *Todarodes pacificus*, related to recent climate changes. Fisheries Science, 68, Supplement I: 226-229.

Sakurai, Y., J. R. Bower and Y. Ikeda 2003. Reproductive characteristics of the ommastrephid squid *Todarodes pacificus*. Fisken og Havet. 12: 105-115.

桜井泰憲・山本　潤・木所英昭・森　賢 2003. 気候のレジームに連動したスルメイカの資源変動.気候-海洋-海洋生態系のレジームシフト：実態とメカニズム解明へのアプローチ，月刊海洋, 35 (2): 100-106.

桜井泰憲 2005. 地球温暖化-わずかな水温変化が海洋生物資源を変える，海洋学の最前線と次世代へのメッセージ　月刊海洋／号外, 40: 172-176.

桜井泰憲・酒井一明・宮長幸・山本　潤・森　賢 2005. 新しい再生産仮説に基づくスルメイカ冬生まれ群の再生産海域の推定．地球規模海洋生態系変動研究 (GLOBEC)―海洋生態系の総合診断と将来予測―, 月刊海洋, 37: 586-591.

桜井泰憲・岸　道郎・伊藤進一 2007a. 温暖化を軸とする海洋生物資源変動のシナリオ．地球規模海洋生態系変動研究 (GLOBEC)-温暖化を軸とする海洋生物資源変動のシナリオ, 月刊海洋, 5: 283-284.

桜井泰憲・岸　道郎・中島一歩 2007b. スケトウダラ，スルメイカ．地球規模海洋生態系変動研究 (GLOBEC)-温暖化を軸とする海洋生物資源変動のシナリオ, 月刊海洋, 5: 323-330.

Sakurai, Y. 2007. An overview of Oyashio Ecosystem. Deep-Sea Research II, 54: 2525-2542.

Suzaki, A., Y. Sakurai, J. Yamamoto, T. Hamatsu, S. Ito and T. Hattori 2003. Influence of Oyashio Current on stock fluctuation of walleye pollock in the Tohoku region, northern Japan. Abstract of 12th PICES Annual Meeting, 145.

Takasuka, A. and I. Aoki 2002. Growth rates of larval stages of Japanese anchovy *Engraulis japonicus* and environmental factors in the Kuroshio Extension and Kuroshio-Oyashio transition regions, western North Pacific Ocean. Fisheries Science 68 (Supplement I) : 445-446.

Takasuka, A. and I. Aoki 2006. Environmental determinants of growth rates for larval Japanese anchovy *Engraulis japonicus* in different waters. Fisheries

Oceanography 15: 139-149.

Yatsu, A., T. Watanabe, M. Ishida, H. Sugisaki and L. D. Jacobson 2005. Environmental effects on recruitment and productivity of Japanese *sardine Sardinops melanostictus* and chub mackerel *Scomber japonicus* with recommendations for management. Fisheries Oceanography 14, 263-278.

第4章
農業におけるLCA
―農の温暖化評価とその活用―

小 林 　 久
茨城大学　農学部

1．はじめに

「農業」が関わる「環境」の切り口には，様々な側面がある．たとえば，平成17年に農水省から公表された，いわゆる「農業環境規範」では，環境保全を重視する農業の具体的取組みとして，「土づくり」，「適切な施肥・防除」，「適正な廃棄物処理・利用」，「エネルギー節減」などがあげられている．「土づくり」は，土壌環境に着目して，土壌劣化の防止，持続的な生産基盤の保全をめざしている．「適切な施肥・防除」は環境負荷流出の削減と生態毒性物質の拡散防止を，「適正な廃棄物処理・利用」は資源循環による環境負荷の排出低減を，「エネルギー節減」は温室効果ガス排出削減と資源保全を，環境に関わる主要な改善項目として想定している．

それぞれの環境改善に関わる取組みを実践することは意義があるし，大切である．しかし，「土づくり」としては有効であるが，エネルギー消費が大幅に増加するというような対策もあり得るので，どの対策を優先すべきか，どのような対策の組み合わせが妥当かを検討しておくことも重要である．一般的に，個々の環境対策は目標とする個々の改善には有効であるが，「全体」の様々な環境負荷を合理的・戦略的に低減させることには向いていない．そのため，「農業」と「環境」を考える場合には，個々の取組みの環境負荷低減が別の取組みに影響しないかというように，相互の関連を考慮して「全体」の環境負荷を包括的に捉え，改善するようなアプローチも必要になる．

LCA（Life Cycle Assessment）は，「全体」の環境負荷を低減させるという目的を達成するために，製品，サービスなどを対象に，資源採掘～製造生産・流通～使用～廃棄・リサイクルまでの全過程（ライフサイクル）の資源消費量や排出物量を求めて，その環境影響を総合的に評価する手法である．

LCAは，製品，サービスやシステムの「全体」の特性・潜在性あるいは改善課題，改良方向の包括的な把握・分析に適している．このため，LCAには分析対象の多様な環境側面を理解・比較する環境管理ツールとしての利用に期待がもたれている．ここでは，LCAの特徴をまとめ，続いて温室効果ガス排出を主な評価項目とした分析事例を示しつつ農業分野におけるLCA手法適用の意義と問題点を整理する．

2．LCAの概要

（1）LCAの特徴

製品・商品開発やシステム構築においては，経済性だけでなく，安全性や持続性が問われ，環境に配慮することが求められる．農業分野の配慮すべき環境側面は，生態系，景観，負荷流出，毒性物質・撹乱物質の排出，温室効果ガス排出など多岐にわたる．しかし，大きく分類すると環境の汚染・劣化と資源保全に分けることができる．

環境の汚染・劣化は，農業の各段階の活動が環境の浄化，無害化，吸収する能力を超える負荷や物質の排出にどの程度関与しているか，再生可能資源を再生・更新する環境の能力に影響をおよぼしていないかなどを把握・分析・比較することで，評価できる．資源保全については，各段階の農業活動が地球上の有限な天然資源と枯渇性資源をどのくらい消費しているか，あるいは消費を抑制しているかなどを把握・分析することで，評価することができる．

環境の汚染・劣化，資源保全に対するネガティブなインパクトを，まとめて「環境負荷」と定義すると，環境に配慮した製品・商品開発やシステム構築を行うためには，全体としてより「環境負荷」の小さい商品やシステムを選び出すことに貢献できる評価手法が必要となる．

特定の汚染物質の排出を抑制するための技術開発アプローチは，通常

「End-of-Pipe」的アプローチと呼ばれ，「環境負荷」の低減に寄与する個々の技術やプロセスの改善を行うことができる．しかし，「End-of-Pipe」的アプローチでは，対象とする技術・プロセスの「環境負荷」低減が別の技術やプロセスの「環境負荷」に及ぼす影響を検討することはできない．「End-of-Pipe」的アプローチは，特定の技術・プロセスの「環境負荷」を低減することで全体を「微調整」することはできるが，全体をよりよくすることには向いていないといえる．

「全体」の「環境負荷」を合理的に低減させるためには，特定の技術・プロセスの「環境負荷」低減が別の技術・プロセスに影響しないかというように，全体の「環境負荷」を包括的に捉え，改善するようなLCA的なアプローチが必要となる．LCAは，製品やシステムのライフサイクルにわたるインプット，アウトプット，潜在的環境影響を集約・評価することで，「全体」の環境負荷を低減させるという目的を達成するための分析・評価アプローチで，システムを包括的に理解したり，比較したりすることに適したアプローチといえる．

(2) LCAの歴史

最初のLCA的解析は，1969年にコカ・コーラ社がミッド・ウエスト研究所に委託して実施した飲料容器を対象にした分析であるといわれている(EPA, 1994)．その後，オイルショックの影響下で，資源消費と環境への排出物質を定量化する分析が，特にアメリカを中心に行われるようになり，資源・環境のプロフィール分析(REPA)と呼ばれるようになった．農業分野では，Pimmentelら(1973)を代表とする研究グループのエネルギー収支に関する分析が，この手法に類似している．

REPAに類似した分析アプローチを，ヨーロッパではエコバランスと呼び，実践的技法としてのライフサイクル・インベントリ(LCI)分析の方法論整備が進められた．1980年代の後半には，廃棄物処理が世界的な問題となり，LCI分析のような手法が環境問題を分析する手段として注目されるようになった．1990年代になると，LCI分析の結果の信頼性を高め，分析プロセスの

透明性を確保することが求められるようになり，1993年から環境管理に関する規格化作業が国際標準化機構（ISO）により始められた．ISOでは，LCAを環境に与える負荷および影響を分析・評価するための手法として位置づけ，ISO14040シリーズとして手法の国際規格化を進めた．こうして，LCAの原則と手続きを規格化しているISO14040は1997年に発行され，この標準化への動きとともに，現在では多くの企業等でISO-LCAに限らず，LCA的手法による環境評価が取り入れられるようになっている．

（3）LCAの有効性と限界

LCAは，天然資源採取から原料生産，製造，使用，リサイクル，廃棄までを含めた全ライフサイクルにおける資源消費や負荷排出を算定し，その製品・サービス・活動の資源利用効率や負荷排出量を広域的あるいは地球的な環境影響として定量的・客観的に分析・評価する手法である．LCAを実施すると，資源消費，エミッション，エネルギー・物質フローの全体像を把握することができ，その結果を参考にして環境面の改善に有効な部分を包括的な視野から抽出することが可能となる．個別の環境問題の解決が他の環境問題を増幅するようなケースを見落とさない点，広い範囲にわたる環境問題を分析できる点，客観的な情報が提供できる点などにおいて，LCAは優れた意思決定ツールになると考えられている（SETAC，1996）．

しかし，実際のLCAでは，資源採取，原料生産まで遡及すると，関連する工程があまりに多くなり過ぎるため，すべての「環境負荷」を計量することがむずかしい．関連する他の工程や副産物との間の資源消費や環境負荷排出の配分が，単純に決められないことも少なくない．

そこで，LCAを実施する場合は，第一に目的を明らかにした上で，対象とする影響評価項目や計量すべき資源および排出物を決め，LCA調査の範囲を限定することが必要になる（システム境界の設定）．LCAは，資源消費や負荷排出を採掘・製造や輸送まで遡上して算定するので，範囲の設定が適正でない場合は，推計結果の信頼性が低下することになる．

また，LCAは，時間的，空間的に全関連分野の資源消費や環境への排出を

システム全体で積算・統合化するが，実際の環境影響を評価するものではない．実際の環境影響は，排出物がいつ，どこで，どのくらい排出されたかによって決まるので，LCAだけでは生態系や人間の健康に対する被害などの実際の環境影響を評価できない．このため，何が，どの程度，いつ，どこで，どのように環境に影響を与えるのかなどを評価しようとする場合には，LCAで採用する環境インディケータと被害との相関を明らかにしておくことや実際の影響・リスクを予測するリスクアセスメントなどの手法による補完が必要となる．

さらに，LCAの環境影響評価は，影響要素間の比較を任意としているため（日本規格協会，2002），統合的な影響は主観的に評価されることになる．このように，LCAには枠組み上の限界があり，適用に当たっては，これらの限界についても充分に理解しておくことが望ましい．

3. 客観的な俯瞰ツールとしてのLCA

LCAは，ライフサイクル全体にわたる資源消費や排出物量を推計し，その環境影響を包括的に評価する手法であるために，組織体の活動やシステム・生産物の環境側面を俯瞰的に理解することに向いている．また，定量～半定量的な結果が得られるので，活動や生産システムの環境改善に有効な部分を抽出したり，他の生産システムや取組みとの客観的比較を行ったりすることも可能である．ここでは，農法の異なるコメの生産と原料別バイオ燃料の生産・利用を対象に，LCA手法を適用してCO_2等の温室効果ガス（GHG）排出量を推計した分析例を示し，俯瞰的に「全体」を評価することの意義について考察する．

（1）有機農業と慣行農業のLCA

一般的に，化学肥料や合成農薬の使用を抑制する農法を開発・展開することは，環境保全の観点から好ましいと考えられている．しかし，減化学肥料や減農薬が，他の農作業項目におよぼす影響を見積もったり，作物栽培全体として環境保全的であると判断したりすることは，容易なことではない．

ここでは，実際の営農活動（水稲栽培）を対象にライフサイクルにわたるCO_2排出を評価項目に選定して分析した結果（新井ら，2007）を示し，施肥，防除などの個別の技術改善や異なる農法の採用が，「全体」としてどのように評価できるかを考えてみる．

1) 分析の対象と範囲

対象とした営農活動は，利根川に隣接する茨城県南と千葉県北において水稲を栽培している4事例である．栽培の概要は表4.1のとおりで，化学肥料，合成農薬を使用し大規模な経営を行っている「慣行」栽培，無化学肥料で抑

表4.1　タイプ別の水稲栽培概要

項目	慣行	低農薬無化学肥料	簡易耕起	紙マルチ
対象地域	茨城県R市	千葉県A市	茨城県K町	茨城県R市
経営体系	若夫婦2組による共同経営	家族経営	家族経営	若夫婦2組による共同経営
経営面積	56 ha	1.3 ha	15 ha	3.8 ha
対象作型・品種	コシヒカリの移植栽培			
収量 (kg/10 a)	492	450	408	474
栽培期間	4月〜9月	3〜9月	3〜10月	4月〜9月
乾籾播種量	2.52 kg／10 a	2.25 kg／10 a	1.87 kg／10 a	2.56 kg／10 a
主要栽培技術	化学肥料施肥，農薬散布	EM農法	簡易耕起	紙マルチによる雑草防除
施肥	基肥：化学肥料アラジン14-14-14　追肥で硫安	育苗時に有機肥料　基肥：生ごみ堆肥，EM活性液　追肥：EM活性液	基肥：米ぬか，籾殻	育苗時に有機肥料（有機アグレット）　基肥で牛糞
農薬	殺虫剤：プリンス，スタークル　殺菌剤：アミスター，ダコレート　除草剤：サラブレッドRXフロアブル（本田）　ラウンドアップ，2, 4-D（畦畔）	除草剤：ジョイスターLフロアブル（本田）	-	-
有機JAS認定	-	-	なし	あり
調査対象期間	平成18, 19年	平成19年	平成18, 19年	平成18, 19年

出典：新井ほか（2007）「水稲の有機栽培における雑草防除と施肥のライフサイクル分析」，平成19年度雑草学会講演要旨

慣行 / 低農薬無化学肥料

慣行

使用機械	分析対象範囲
育苗機	①育苗
ロータリー	②わら処理、秋耕
ロータリ	③耕起(2回)
ブロードキャスタ	④基肥(化学肥料)散布
ロータリ	⑤代掻き
田植機	⑥移植
	⑦本田除草(農薬)
	⑧追肥
	⑨殺虫・殺菌剤散布
田植機	⑩収穫
動力噴霧機	⑪畦畔管理
乾燥機	⑫乾燥

低農薬無化学肥料

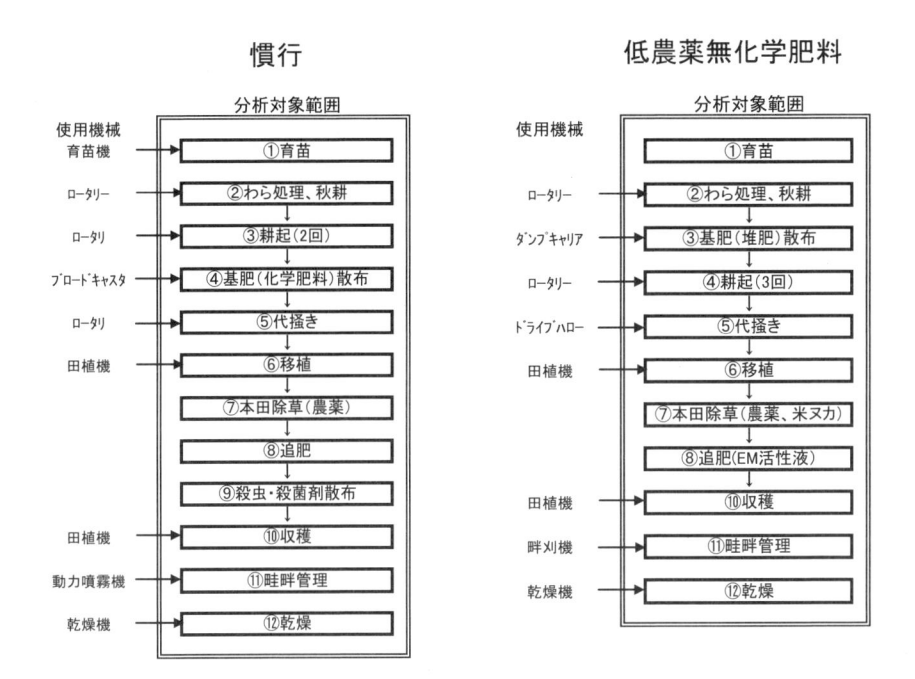

使用機械	分析対象範囲
育苗機	①育苗
ロータリー	②わら処理、秋耕
ダンプキャリア	③基肥(堆肥)散布
ロータリー	④耕起(3回)
ドライブハロー	⑤代掻き
田植機	⑥移植
	⑦本田除草(農薬、米ヌカ)
	⑧追肥(EM活性液)
田植機	⑩収穫
畦刈機	⑪畦畔管理
乾燥機	⑫乾燥

図4.1 各栽培タイプの作業工程と分析範囲(1)

制的に農薬を使用する「低農薬無化学肥料」栽培，有機肥料を自給し無農薬，無化学肥料で，耕起回数を少なくしている「簡易耕起」栽培および移植前に田面を紙マルチで被覆して雑草抑制を行っている「紙マルチ」栽培の4タイプである．

各タイプの作業内容は図4.1および図4.2に示すとおりで，分析では秋耕を含む通年の作業工程を対象とし，肥料，農薬などの投入資材や原燃料消費の製造段階まで遡上してCO_2排出量を積み上げる．ただし，作業に用いる農業機械や設備等資本財の製造・調達段階の負荷量は，分析対象には含めない（図4.1）．

2) 推計結果と評価

図4.3は，図4.1と図4.2の作業工程について，原燃料消費およびそれらの

簡易耕起 / 紙マルチ

簡易耕起

使用機械 — 分析対象範囲
- ①育苗
- ライナーハロー / キャリアダンプ / コンボキャスタ / マニアスプレッダ / ドライブハロー → ②わら処理、秋耕
- ④基肥(米ぬか)散布
- ⑤代掻き・整地
- ライムソーワ / コンボキャスタ / 不耕起田植機 → ⑦本田除草(くず大豆)
- ⑥移植
- 除草機 → ⑦本田除草(除草機)(2回)
- 田植機 → ⑩収穫
- 畦畔除草機 / 畦草刈機 → ⑪畦畔管理
- 乾燥機 → ⑫乾燥

紙マルチ

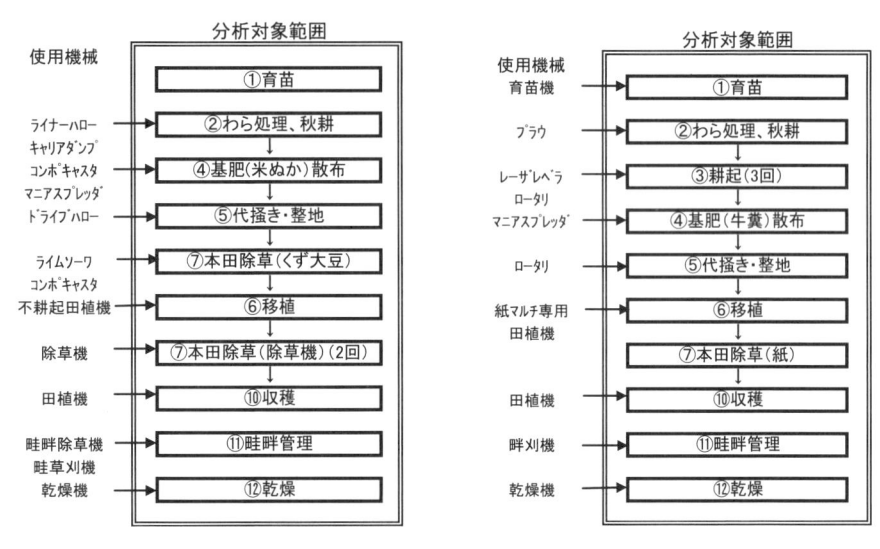

使用機械 — 分析対象範囲
- 育苗機 → ①育苗
- プラウ → ②わら処理、秋耕
- レーザレベラ / ロータリ → ③耕起(3回)
- マニアスプレッダ → ④基肥(牛糞)散布
- ロータリ → ⑤代掻き・整地
- 紙マルチ専用田植機 → ⑥移植
- ⑦本田除草(紙)
- 田植機 → ⑩収穫
- 畦刈機 → ⑪畦畔管理
- 乾燥機 → ⑫乾燥

図4.2 各栽培タイプの作業工程と分析範囲(2)
出典:新井ほか(2007)平成19年度雑草学会講演要旨を修正して作成.

製造・調達段階の CO_2 排出量を積み上げて推計した各タイプの水稲栽培に伴うライフサイクル CO_2 排出量とその作業別構成である.図4.4は,収量100 kg当たりに換算した CO_2 排出量と聞き取りによる延べ作業時間をまとめたものである.

この推計による10a当たりのライフサイクル CO_2 排出量は,「簡易耕起」,「慣行」,「低農薬無化学肥料」,「紙マルチ」の順で大きくなる.一方,収量100 kg当たり CO_2 排出量は,「簡易耕起」に対して「慣行」と「低農薬無化学肥料」の反収が多いために,「慣行」,「低農薬無化学肥料」,「簡易耕起」,「紙マルチ」の順で大きくなる(図4.4).ただし,「紙マルチ」を除く,3タイプの CO_2 排出量はほとんど同水準とみなしてよい.

一方,CO_2 排出量の作業項目別構成は,各タイプで著しく異なっている(図4.3).耕起回数の少ない「簡易耕起」の耕起・代掻き時の CO_2 排出の割合は,「慣行」,「低農薬無化学肥料」に比較して小さく,収穫時 CO_2 排出も少な

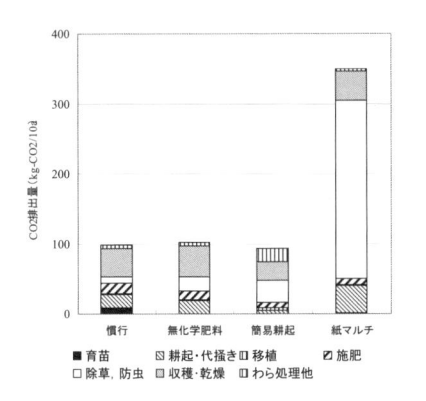

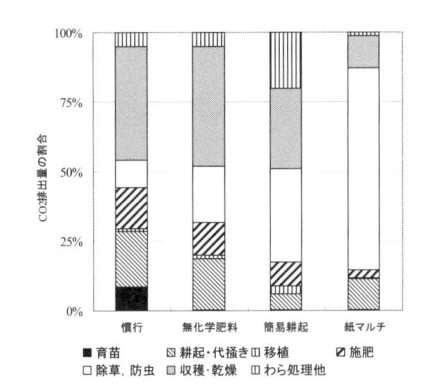

4 農業におけるLCA―農の温暖化評価とその活用―　83

図4.3　各農法の作業項目別のCO_2排出量（左）と構成割合（右）
出典：新井ほか（2007）平成19年度雑草学会講演要旨を修正して作成.

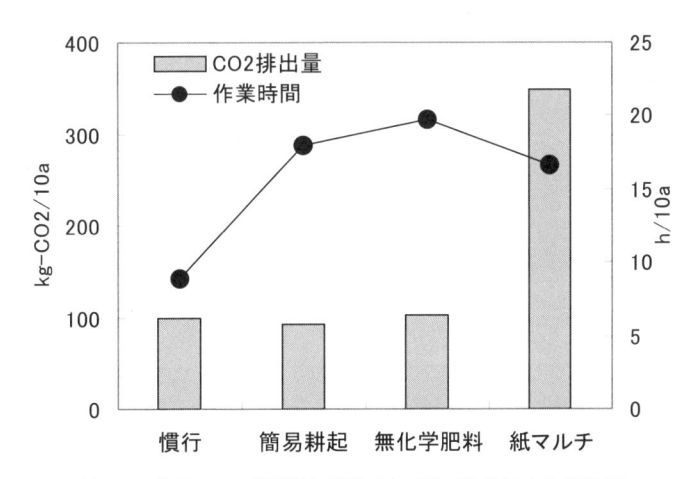

図4.4　栽培タイプ別単位収量当りCO_2排出量と作業時間
注）CO_2排出量は収量100 kgあたり，作業時間は各作業に要した正味時間の聞き取り結果の集計値．実労働時間は，準備，運搬，移動や作業待ちなどを考慮すると聞き取り作業時間の数倍と考えられる．

い．「簡易耕起」の収穫時のCO_2排出が少ない理由は，耕起回数が少ないために田面が締め固められ，コンバイン走行のための燃料消費が他のタイプに比較して抑制されるためと考えられる．

除草・防虫に伴うCO_2排出は，特に除草時の刈払い機の燃料消費に伴うCO_2排出の影響が大きく，「慣行」，「低農薬無化学肥料」，「簡易耕起」，「紙マルチ」の順で大きくなる．なお，「紙マルチ」の除草・防虫が全CO_2排出の70％程度を占めるのは，マルチ材の製造段階のCO_2排出が大きいためである．

栽培方法の違いによる作業項目別のCO_2排出量の顕著な相違は，耕起や除草・防虫などの各作業方法の違いが，耕作土の状態，農機の稼働時間や原燃料消費に大きな影響を及ぼしていることをうかがわせ，個々の作業だけでなく体系としてのCO_2排出の特徴がそれぞれの栽培方法で異なることを示している．したがって，栽培段階全体の環境負荷を戦略的・合理的に低減するためには，LCA手法を適用した分析などにより体系を俯瞰し，他の技術・作業におよぼす影響や各作業の相互関連を考慮して，それぞれの栽培方法に応じて作業内容や技術の改善を検討することが必要といえる．

さて，ここでの分析に基づき，CO_2排出量を評価項目に選定して，各栽培の環境影響を評価するのであれば，「慣行」，「低農薬無化学肥料」，「簡易耕起」の各タイプに大きな差は見出せないといえる．毒性物質の拡散リスクなどを考慮すれば，「慣行」に比較して「低農薬無化学肥料」，「簡易耕起」を，より環境保全的な栽培と考えてよいかもしれない．しかし，図4.4に示すように，「慣行」栽培は作業時間を大幅に少なくすることができる．CO_2排出量，毒性物質の拡散リスクなどの環境影響と作業時間を同列で評価することはできないが，このような明瞭な作業時間の差は環境側面において顕著な差がない栽培方法を，どのように評価するべきかという新たな問題を提起しているようにみえる．とくに，他タイプに比較して明らかにCO_2排出量が大きく，作業時間の多い「紙マルチ」を，農薬の使用量が少ないという理由だけで，「慣行」より環境保全的で望ましい栽培と言い切れるのかは，それほど簡単に解答を見出せる問題ではない．

このように，LCAを適用して俯瞰すると，一般的に環境保全と考えられている農法が，容易に環境保全的であると決めがたい場合も現れる．多面的で，客観的な判断を行うためにも，作物栽培に関するLCA的アプローチによる分析事例の蓄積が求められる．

(2) バイオ燃料のLCA

化石燃料の安定供給に対する危惧,石油価格の上昇や温室効果ガス(GHG)排出のような化石燃料の使用がもたらす環境への負の影響を背景として,バイオ燃料の開発や生産に大きな期待がもたれている.しかし,バイオ燃料の拡大を本格的に推進するためには,生産されるエネルギー量からバイオ燃料生産のために消費される直接的,間接的なライフサイクルにわたる全エネルギー量を差し引いた「正味のエネルギー生産」が十分にあることを,第一に確認しなければならない.同様に,バイオ燃料が石油系燃料より環境的に有利か,バイオ燃料の拡大が食料供給に問題を生じさせないかなどの点に関しても,俯瞰的かつ客観的な検討が必要である.

1) バイオ燃料LCAの留意点

ライフサイクルにわたるインプット・アウトプットを集約するLCA的アプローチは,全工程のエネルギー消費や「正味のエネルギー生産」などを見積もり,バイオ燃料の生産・利用の妥当性を俯瞰することに適している.

ただし,バイオ燃料生産には自然条件や地域が異なると消費される資材や原燃料の種類・量が著しく異なるバイオマス資源を栽培・収穫,集積・運搬するプロセスが付随する,バイオマス資源を利用するシステムや普及・定着の程度が原料の種類や地域により様々であるなどの理由で,LCAの実施は必ずしも容易なことではない.

バイオ燃料のLCAでは,栽培段階を含め,関連するすべての生産工程を把握し,対象とする影響評価項目や計量すべき資源および排出物を決め,どの単位プロセスがLCA調査に含まれるかを,第一に定めなければならない.この際,使用する機械・設備の製造・建設や労働力の投入を保証する農家維持などを,どのように取り扱うかについても決めておく必要がある.

さらに,バイオ燃料の生産プロセスからは,主生産物であるバイオ燃料のほかに,飼料などの副生産物を生成することが多いので,副産する生成物の取り扱いについても考慮しなければならない.たとえば,トウモロコシを原料とするエタノール生産では,エタノール1Lに対して,1.0 kg程度の飼料

（蒸留粕DDGS：Distiller's Dried Grains with Soluble, コーングルテン）を生産することができる．ダイズからのBDF生産の場合は，1LのBDFに対し約4.0 kgの飼料（ダイズミール）と約0.07 kgのグリセリンが副産される．複数の生産物が生成されるプロセスを対象にLCAを実施する場合，物質・エネルギー消費および負荷排出を各生成物に対してどのように「配分」するのかを検討することは極めて重要な問題となる．一般的には，生産物の重量比・容積比で「配分」する方法が，客観的であるという観点から推奨されている．

Jasonら（2006）によると，トウモロコシからのエタノール生産のライフサイクルにわたるエネルギー消費（I）に対するエネルギー生産（O）の割合（O／I）は，副産物を含めた場合も副産物を除いた場合も1.25と推計され，「配分」はエネルギー収支に大きな影響を与えない．しかし，ダイズからのBDF生産のO／Iは，副産物を含めた場合は1.93，副産物を除いた場合は3.67となる．これは，ダイズの油含有率が20％弱であるため重量比で配分すると，特に農業プロセスのエネルギー投入の多くが飼料生産に振り分けられるためである．

このように，バイオ燃料を対象にLCAを実施するためには，目的に照らして必要となる影響評価項目や計量すべき資源・物質の計量範囲をどのように設定するか，機械設備等の製造段階をどう取り扱うか，分析対象に農家維持や副産物を含めるかなどを確定し，「配分」をどのように取り扱うかなどの推計条件を明確にしておくことが，極めて重要となる．

2）バイオ燃料のエネルギー収支

バイオ燃料のエネルギー量から栽培〜製造のライフサイクルにわたるエネルギー消費を差し引いた「正味エネルギー生産」の既存の推計結果は，おおむね原料ごとに類似の傾向を示す．たとえば，トウモロコシ，コムギなどの穀物から生産されるバイオエタノールの「正味エネルギー生産」は，一般的に他の原料から生産される場合より小さくなることが多く，産出するエネルギー量より栽培〜製造までに投入されるエネルギー量が大きくなる見積もりも珍しくない．対して，サトウキビ，スウィートソルガムおよびセルロース系バイオマスを原料とするバイオエタノールの「正味エネルギー生産」は大

きい傾向にある.

　一般的に,「正味エネルギー生産」が小さいバイオ燃料は,原料作物を栽培する段階のエネルギー消費が大きい.このため,栽培段階の推計条件の違いが結果に大きな影響をおよぼすことになる.なかでも採用する窒素肥料製造のエネルギー消費量の影響が大きく,トウモロコシ・エタノールの「正味エネルギー生産」をプラス4.3 MJ／L - EtOHとするUSDAの推計(Shapouri, et. al., 1995)では42.8 MJ／kg - N(施肥)が,マイナス15.3 MJ／L - EtOHとするPimentel(2001)の推計では78.1 MJ／kg - N(施肥)が用いられている.わが国の一般的栽培体系によるバイオエタノール生産の正味エネルギー収支推計では,国内の実際の肥料生産プロセスの調査結果に基づいて算出した窒素肥料のライフサイクル・エネルギーとしてUSDAの採用値より小さい32.9 MJ／kg - N(施肥)を使用しているが,コメ・エタノールの「正味エネルギー生産」はマイナス2.9 MJ／L - EtOHと見積もられている(小林,2007).

　一方,サトウキビ・エタノールのように生産プロセスにエネルギー回収(バガス燃焼,リグニン燃焼など)が組み込まれている,廃材からのエタノール生産のようにバイオマス生産段階の資源・エネルギー消費が除外できるバイオ燃料は,「正味エネルギー生産」が大きくなる.

　なお,BDFの「正味エネルギー生産」は,一般的にバイオエタノールより大きく,いずれの原料を用いても10 MJ／L - BDF以上となることが多い.

3) バイオ燃料のGHG削減効果

　バイオエタノールの燃焼によるCO_2排出をニュートラルな炭素放出として,ガソリンを使用した場合とGHG排出を比較した結果は,バイオエタノール使用の方が数10 %(20 %〜50 %)GHG排出量を少なくできるとするものが多い(CONCAWE,2002 ; Woods and Bauen,2003).わが国の栽培体系で生産した原料作物別エタノールのライフサイクル・GHG排出量の推計値も,図4.5のようにガソリン燃焼に比較してバイオエタノール使用の方が小さくなる(小林,2007).

　ただし,既存のバイオ燃料生産〜使用に伴うGHG排出量の推計には,作物

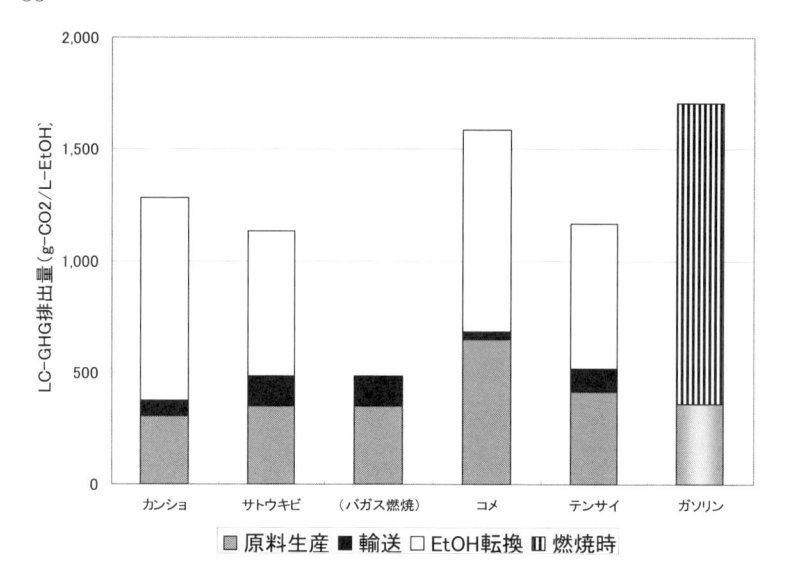

図4.5 原料別 LC-GHG 排出量
典：小林（2007）太陽エネルギー 33 (4)
注）単位は g-CO_2eq./L-EtOH．エタノール燃焼の C 放出はカウントしていない．ガソリンはエタノール1Lの燃焼と等価量に換算．

栽培段階の施肥に伴う農地からの GHG 排出の増加や大規模流通システム稼動時に必要となる付随プロセスは考慮されていない．たとえば，通常の窒素投入を伴うトウモロコシ栽培の農地からの N_2O 放出は 52 g-CO_2 eq./m^2 とされ（Robertson, et. al., 2000），バイオエタノール収量を 3,500 L/ha とすると 1 L 当たり 148g-CO_2 eq./L-EtOH 相当の N_2O が排出されることになる．この量は，バイオエタノール生産のライフサイクル GHG 排出量の 10％程度に相当し，無視できる大きさとはいえない．日本全国で行われた農地から放出される N_2O の測定結果によると，N 施用量当たりの N_2O-N の発生量は 0.001〜0.05 kg N_2O-N/kg-N になる（日本土壌協会，1996）．バイオ燃料のライフサイクルにわたる GHG 排出を詳細に見積もる場合には，施肥条件を把握して農地からの N_2O 等の GHG 排出も推計する必要がある．

さらに，エタノール利用を本格的に流通・利用するためには，長期貯蔵，長距離輸送が必要となり，無水化処理が不可欠となる．無水化は，燃料・エネ

ルギー消費を伴う共沸蒸留や膜脱水によって行われるので，エタノールの普及にはさらにエネルギーが追加消費され，GHGの排出量が増加することになる．

4）その他の環境影響
①食料・土地利用との競合
バイオ燃料生産の拡大は，他の作物生産と競合したり，自然植生を減少させたりする可能性がある．このため，土地利用に関わる環境負荷までを考慮したLCAの総合評価では，バイオ燃料の多くが石油系燃料よりも大きな環境負荷を発生させると見積もられる傾向がある（EMPA, 2007）．

食料との競合が危惧されるバイオ燃料生産の可能性と期待は，置かれている国の状況でも異なる．食糧自給率も，エネルギー自給率も共に100％を超える国は，輸出物として有利ならばバイオ燃料の生産を拡大しても一向に構わない．食糧自給率が100％以上で，エネルギー自給率が100％以下の国はエネルギー自給率向上のために，バイオ燃料の生産利用を進めてもよいかもしれない．しかし，食糧自給率が100％以下の国では，優先すべき農地利用について十分な検討が必要であろう．バイオエタノール生産の拡大を指向しているブラジルにおいて，アマゾン流域など保全すべき土地への農地の蚕食的拡大が危惧されるのは，ブラジルの穀物自給率が100％に届かないためである（小林, 2007）．

②負荷の流出・拡散
バイオ燃料の生産を拡大させるためには，単位収量を増加させる，あるいは栽培面積を拡大させることで，原料となるバイオマスの生産量を増やすことが必要となる．単位収量を増やすためには，一般的に面積当たり施肥量や農薬の散布量を増やして生産性を高めなければならない．面的拡大により生産量を増やすことは，施肥や農薬散布の対象面積を拡大することになる．どちらにしても，バイオ燃料の拡大は施肥量や農薬の使用量は増加させ，窒素（N），リン（P）および農薬成分等の流出・拡散リスクを大きくさせることになる．ミシシッピー川流域に主要なトウモロコシ生産地が分布するアメリカ

において，トウモロコシ・エタノールの生産を拡大すると，メキシコ湾の海洋生物に多大な負の影響をおよぼす可能性があるという指摘は（Simon, *et. al.*, 2008），このようなバイオ燃料の原料生産に関わる環境リスクとして認識しておかなければならない．

なお，Jasonら（2006）の試算によると，「正味エネルギー生産」1MJ当たりの窒素，リン肥料および殺虫剤の投入量（副産物への配分を考慮しない）は，バイオエタノールがそれぞれ7.75 g／MJ，2.82 g／MJ，0.12 g／MJ，BDFがそれぞれ0.39／MJ，1.19 g／MJ，0.08 g／MJで，負荷流出および農薬拡散のリスクは，一般的にBDFに比較してバイオエタノールの方が大きい．

③その他の影響

燃焼時の大気汚染物質の排出は，バイオ燃料と石油系燃料では異なる．一般的に，BDFを混合した軽油の燃焼は，純粋な軽油の燃焼より大気汚染物質の排出を少なくすることができる．しかし，バイオエタノールは混合率が高くなると，燃焼時に排出される主要大気汚染物質である CO，VOC，PM10（10μm以下の浮遊粒子状物質），Sox（イオウ酸化物），Nox（窒素酸化物）が増加するといわれている（Brinkman, *et. al.*, 2005）．

バイオ燃料を大量に生産し，流通・貯蔵する場合，バイオ燃料自体の環境への漏出や浸出も無視することができない．特に，バイオエタノールは，水和性が非常に高いために，漏出等により土壌水や地下水を汚染する危険性がある（Niven, 2005）．

5）バイオ燃料の有効性

日本は，バイオ燃料の積極的な導入を視野に入れ，2030年に自動車燃料の石油依存度を80％程度に下げることを目標としている（新国家エネルギー戦略）．しかし，バイオ燃料の拡大を本格的に推進するためには，ここでの検討のようにLCA的視点から「正味のエネルギー生産」が充分であるか，バイオ燃料のライフサイクルにわたるGHG排出が石油系燃料より本当に少ないか，バイオ燃料の拡大が食料供給・農地の持続性に問題を生じさせないかなどの点に関して客観的な検討を行っておく必要がある．

また，バイオ燃料生産に関しては，直接燃焼，ガス化燃焼や混焼などのバイオマスの他のエネルギー利用形態との比較による妥当性評価も必要といえる．さらに，バイオマス生産という立場からは，他の農地利用シナリオとの比較も求められる．わが国は，5〜6 MJ／kg（穀物）のライフサイクル・エネルギーを消費する海外産の穀物飼料を大量に輸入し（小林・柚山，2006），一方で多くの遊休農地を生み出している．バイオ燃料生産を推進すべきか否かを，最終的に判断するためには，バイオ燃料開発を穀物やエネルギー自給率の向上，国土管理のための荒廃農地の有効利用や農山村地域の活性化などの施策シナリオを構成するひとつのパーツとして位置づけた LCA 的分析が必要かもしれない．

4．選択と納得のための情報提供

消費は購入を通して，生産に影響を与えることができる．したがって，消費需要を環境調和優位に変えられれば，結果として生産〜消費までの環境負荷を小さくすることが可能といえる．ここでは,普通米と無洗米を例に，LCA による環境負荷の推計結果の提供が，どのような意味を持つのかを検討する．

炊飯までのプロセスで，普通米と無洗米が最も異なる点は，研ぐか研がないかの違いである．普通米を研ぐと，約1,500 mg／100 g（米）の汚濁物質を含む研ぎ汁が流出する．無洗米は研ぐ必要がないので，汚濁負荷は発生しない．

流出する汚濁負荷は，資源・エネルギー消費を伴う下水処理により浄化される．下水処理に必要な資源・エネルギー消費は，処理量や施設容量によって大きく異なり，大都市の処理システム（年処理量5.8億 m^3）で2.5 MJ／100 g - BOD負荷，集落排水施設（年処理量1万 m^3）で109.4 MJ／100 g - BOD負荷という推計値が報告されている（全国無洗米協会，2003）．

このような使用〜廃棄段階の環境負荷まで考慮して，普通米と無洗米のライフサイクル CO_2 排出量を推計すると，図4.6のようになる（全国無洗米協会，2008）．この推計では，小規模下水システムに接続する家庭で，無洗米を使用すると普通米に比較して年間約40 kg - CO_2／人の削減が可能と見積もられる．しかし，大規模下水処理システムに接続する家庭では，無洗米を使用

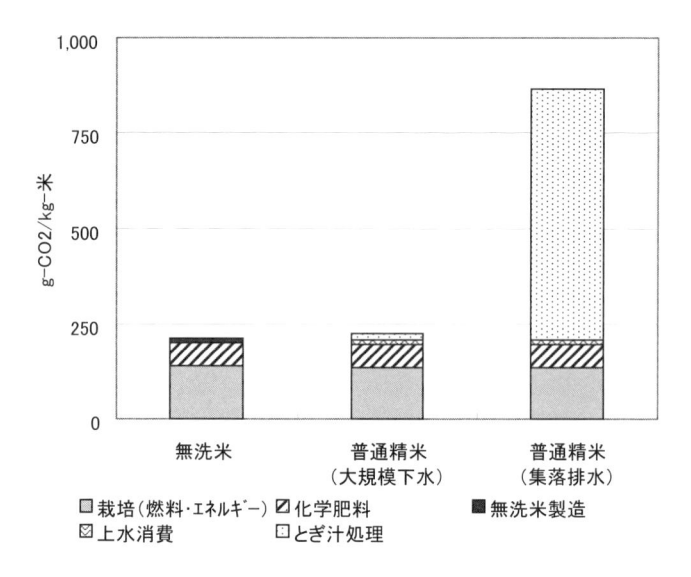

図4.6 無洗米，普通米の1 kg当たり LC-CO_2 排出
出典：全国無洗米協会（2008）の未発表データから作成

しても年間1 kg弱／人の CO_2 排出削減にしかならない．図4.6は，ライフサイクル環境負荷におよぼす影響が，使い方，使う場所で大きく異なることを示している．

さて，こうした推計に基づき，小規模下水システムで比較した普通米と無洗米の結果を商品の環境負荷として示せば，多くの消費者は普通米を環境負荷が大きい食糧と見るかもしれない．さらに，温室効果ガス削減を強調する社会では，このような CO_2 排出量の多寡に関わる推計結果が消費行動に影響を与えるかもしれない．

しかし，このような普通米と無洗米の環境負荷の比較結果は，図4.6のようにインフラの規模・水準の違いに大きく影響されるという事実とともに，消費者に対して提供されるべきである．一般的に，消費や廃棄物処理の段階まで含めると，使用方法や使用する社会のシステムや環境の違いが，製品・サービスのライフサイクルの環境負荷に大きな影響を及ぼすようになる．したがって，消費に直結する情報は，ライフスタイルや地域性を反映した分析

結果として提供されることが望ましい.

　また，LCA手法は還元主義，細分化の弊害を，様々な遡及・波及の効果・影響まで含めて総合的に把握することで乗り越えようとする技法といえるので，消費行動に影響するような選択と納得のための情報提供を行う場合は，意図的に好都合な結果を示したり，恣意的に結果を利用したりすることを極力回避しなければならない．さらに，一杯の，あるいは一食の環境負荷などとして，分析結果をより身近な対象に象徴化して利用するような場合，象徴化による強調，省略や制約についても，十二分に配慮した情報提供に心がける必要がある.

　LCAに準拠した環境負荷の積算的な推計手法は，部分の改善効果だけでなく，隠れた影響や効果までも見積もれるという点に長所がある．一方で，推計結果が積算値として得られるので，製品・サービス全体が客観的に比較できる数値で理解され，不適切な情報が提供されると，誤った消費を助長してしまう危険性がある．LCAの結果を正しく活用するためには，設定した目標に照らして，間違った選択をしないための適切な情報提供が，極めて重要といえる.

5．おわりに―持続性とLCA―

　LCA手法は，資源消費と環境への排出物質を定量化する資源・環境プロフィール分析（REPA）やエコバランスのような資源消費と環境負荷を包括的に分析する手法から発達し，製品・サービスの環境効率性を評価する手法として国際規格化されて，今日では企業等で広く利用されるようになっている．しかし，環境効率は，〔製品・サービスの（経済）価値／環境負荷〕で測られるので，新たな価値生産が大きければ，若干の環境負荷増があっても改善されることになる．したがって，環境効率の改善は環境負荷の絶対量を，必ずしも小さくするとは限らない.

　また，結果の数量化を前提としているLCA手法の「ものさし」は，適切ではない消費需要の掘り起こしに利用されることもあり得る．たとえば，低炭素であることを指標するLCAの推計値は，貧困を助長し，権利無視の労働を

強いた製品・サービスの購入を促進するかもしれない．より望ましい消費選択のためには，特定項目のLCA的推計値だけでなく，製品・サービス提供に関わる様々な段階の様々な情報が消費者に示されるべきであろう．

　農業分野においても同様のことがいえる．増加する食料需要を賄うために，農業生産は量的拡大が不可避であり，生産基盤となる農地の劣化は避けなければならない．しかし，安易なLCA手法の適用は農地の持続性に配慮しない環境負荷の定量化を行なってしまう可能性がある．特に，農地に関する長期連続データが欠如している場合，そのリスクは倍加する．有用データの蓄積に努力を払うことが必要であると同時に，生産の場の持続性についてはLCA手法とは異なる観点からの評価を検討すべきかもしれない．

　このように，社会や土地の持続性に関する評価に対して，LCAは必ずしも万能とはいえない．農業分野においては，LCA手法の有用性を認識した上で，社会的・経済的影響や生産環境への影響を含めた，より多様な側面からの持続性に関する「ものさし」の開発が求められている．

引用文献

新井愛希・小林　久・佐合隆一 2007. 水稲の有機栽培における雑草防除と施肥のライフサイクル分析，平成19年度雑草学会講演要旨.

Brinkman, N., Wang, M. Weber, T. and Darlington, T 2005. Well to Wheels Analysis of Advanced Fuel/Vehicle System, A North American Study of Energy Use, Greenhouse Gas Emissions, and Criteria Pollutant Emissions, Argonne National. Lab., 176p.

CONCAWE 2002. Energy and greenhouse gas balance of biofuels for Europe-an update, report no. 2/02.

Dowing J., J. L. Baker, R. J. Diaz, T. Prato, N. N. Rabalasis and R. J. Zimmerman 1999. Gulf of Mexico Hypoxia: Land and Sea Interactions, Counicil for Agri. Sci. and Tech. 134.

EMPA 2007. Life Cycle Assessment of Energy Product: Environmental Assessment of Biofuels-Executive Summary-, 14p.

EPA 1994. ライフサイクルアセスメント-インベントリのガイドラインとその原則-, 産環協 (訳). p. 112.
Jason H., E. Nelson, D. Tilman, S. Polasky and D. Tiffany 2006. Environmental, economic, and energetic costs and benefits of biodiesel and ethanol biofuels", *PNAS* 103 (30), 11206-11210.
環境庁監・環境情報科学センター編 1996 ライフサイクルアセスメントの実践, 化学工業日報, 3-41.
小林 久 2007. バイオ・エタノール原料の LCA からみた選択, 太陽エネルギー 33 (4), 13-18.
小林 久・柚山義人 2006. 輸入飼料の供給地域別ライフサイクル・エネルギー消費量および GHG 排出量の推計, 環境情報科学 35 (3), 45-53.
日本土壌協会 1996. 土壌生成温室効果等ガス動態調査報告書.
日本規格協会 2002. JIS Q 14042 環境マネジメント-ライフサイクルアセスメント-ライフサイクル影響評価.
NPO法人全国無洗米協会 2003. 無洗米と普通米の環境影響評価報告書 (日本土壌協会)
NPO法人全国無洗米協会 2008. 無洗米の製造, 利用における LCA (未発表)
Niven, R. K. 2005. Ethanol in gasoline: environmental impacts and sustainability review article, *Renewable and Sustainable Energy Reviews* Vol. 9 (6) 535-555.
Pimentel, D. 2001. The Limits of Biomass Energy, *Encyclopedia of Physical Sciences and Technology*, New York: Academic Press, 159-171.
Pimentel, D., L. E. Hurd, A. C. Bellotti, M. J. Forster, I. N. Oka, O. D. Sholes and R. J. Whitman 1973. Food Production and the Energy Crisis, *Science* 182, 443-449.
Robertson, G. P., Paul, E. A. and R. R. Harwood 2000. Greenhouse gases in intensive agriculture: Contributions of individual gases to the radiative forcing of the atmosphere, *Science*, 289, 1922-1925.
SETAC 1996. Towards a Methodology for Life Cycle Impact Assessment (Udo de Haes ed.), 98p.
Shapouri, H., J. A. Duffield, M.S. Graboski 1995. Estimating the Net Energy Balance of Corn Ethanol, USDA, Economic Research Service, AER-721.

Donner, S. D. and C. J. Kucharik 2008. Corn-based ethanol production compromises goal of reducing nitrogen export by the Mississippi River, *PNAS* 105, 4513-4518.

Woods, J. and A. Bauen 2003. Technology Status Review and Carbon Abatement Potential of Renewable Transportation Fuel in UK, (ICEPT), DTI-UK, 88p.

第5章
バイオ燃料生産と国際食糧需給問題

伊東 正一
九州大学大学院・農学研究院農業資源経済学部門

1. 穀物価格高騰の背景

近年の穀物価格の高騰は原油価格の高騰と関連している．特に，アメリカ政府がトウモロコシ（以下コーン）をエタノール生産に活用することに対する助成金を発動したことに端を発している．それまで，コーンからエタノールを生産することは採算に合わなかったものが，補助金を受けることにより，それが採算に合う状況となった．また，原油価格のさらなる上昇により，エタノールの生産はより多くの利益を生む経済活動となったわけである．

原油価格は2000年半ばに1バレル当たり30ドル（WTI，ニューヨーク市場）を超える上昇を見せたあと，2001年末には20ドルまで下落をした．しかし，その後，上昇をし始め，2005年半ばには60ドルを超え，その後は多少の値下がりをしたものの，2007年秋に80ドルを超してからは鰻登りに上昇を続け，2008年7月に146ドルという史上最高の値をつけた．その後は，下落の傾向をたどり，2008年9月上旬には100ドル付近のレベルまで下落，同11月下旬には50ドルを下回るほどに値下がりし，この4か月間で3分の1の価格まで下落している．

2008年7月までの原油価格の上昇はアメリカのサブプライム問題も関係していると言われ，投資家が投資先を原油に向けたために，原油がこれまで以上に投機的に売買されるようになり，価格をつり上げてしまったわけである．原油価格が上昇すると，石油製品の一つであるガソリンの価格が上昇

し，ガソリンの代替財となるものまで価格は上昇する．エタノールがその一つである．よって，エタノール生産の原材料となるコーンまで価格は上昇する．その上昇は原油価格がそうであったようにコーンも投機的に価格が吊り上げられることになる．さらに，コーンの価格が上昇すると，穀物間や主要農産物（コメ，コムギ，コーン，ダイズなど）の間では一般的に代替性があるため，いつの時代でも一つの作物の価格が上昇すると他のものも上昇する傾向にある．ダイズは大豆油がディーゼルの生産に利用でき，また，ダイズ粕はエサとなりコーンのエサ利用と密接に関係しているので，価格の動きは非常にコーンと似たものとなる．こうして，農作物の国際価格が同時に高騰することとなった．

その価格の動きはまさに原油に引っ張られて農作物の価格が日々変動するというパターンとなった．図5.1は原油価格とコメ，コムギ，コーン，ダイズのシカゴ相場の日々の価格変動を示したものである．2007年7月から2008

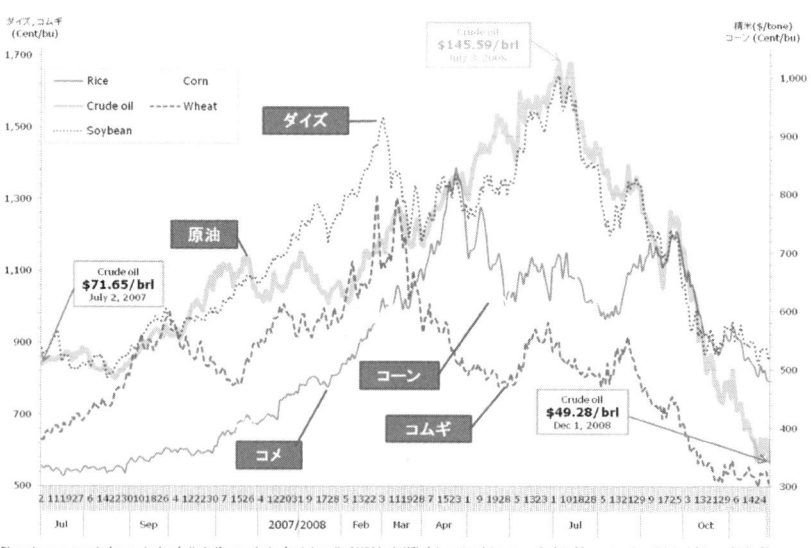

図5.1　原油と穀物における日々相場の推移（NYMEX, COBT），
07年7月2日〜08年12月1日

年11月下旬までの価格変動であるが，これを見ると，農産物の価格は原油価格の変動に従って文字通り毎日変化している，ということが分かる．その変化率は農産物により，多少の違いはあるが，傾向としては全く同じである．

よって，今後の農産物の価格の変化は，原油価格の動向によるところが非常に大きい，ということが言える．2008年7月以来，下降気味に推移している原油価格であるが，今後再び上昇することになれば，農産物の価格は上昇に転じるであろうし，また，原油価格がこのまま下落していけば農産物価格も下落の方向で推移することになろう．

ただ，原油と農産物には大きな違いがある．原油はいつまで貯蔵しておいても腐らないが農産物は数年で品質が落ち，腐ることもある．よって，農産物は価格の上昇で生産が刺激され，消費のレベルを上回る供給量が発生すると，長期に亘って貯蔵することが困難なために，原油価格が上昇しても農産物は価格の下落を招くことがあり得る．コムギの国際価格が2008年3月以降，原油価格の上昇とは裏腹に下落を始めたのはそのいい例である．また，その逆もあり得る．基本的には原油価格と連動する要素を多く含みながら，かつ，それぞれの農産物の需給状況も加味されながら価格は動いていくことになる．

2．穀物の需要メカニズム

ここで，世界の主要農産物であるコメ，コムギ，コーン，ダイズを中心に世界の消費量の動きを見てみたい．まず，コメであるが，世界各国のコメの消費予測を現代の一人当たりの消費動向を観測して計測してみた．コメの一人当たり消費量は世界の平均でみると2000年代に入って減少をしている．これは，人間がむしろ肉類や酪農製品を食べる量が増え，穀物を直接に摂取することが少なくなりつつあることを示している (Ito, *et al*, 1989 ; Ito and Kako, 2005)．こうした傾向はコムギの方が早く1990年前後ころからすでに始まっている．コメも10年余り遅れてその傾向を強くしている．

この状況から判断して，現在の傾向が2050年まで続いた場合をシナリオ1 (S1)，その減少の傾向が2倍に増加した場合 (S2)，それが3倍に増加した場

合（S3）に分けてシミュレーションした．そうしたところ，2050年のコメの消費量はS1，S2，S3ではそれぞれ5億4千万トン，4億8千万トン，4億2千万トンとなった（図5.2）．世界の人口が2005年の65億人から2050年には92億人に増加すると予測（UN，2008）されながら，この間にコメの消費量は多くて30％足らずの増加（S1の場合）という状況である．その一方で，牛，豚，鶏のエサとなるコーンやダイズの消費が驚くほどに増加するということになる．コーンやダイズはバイオ燃料にも多く使用されることになると，今後の需要はエサとしての消費量に輪をかけて増大することになる．その一方でエサやバイオ燃料向けが少ないコメやコムギの需要は相対的に伸び悩むことになる．このように，世界では作物間で競争が存在する．その結果，需要の少ない作物では価格の落ち込みが大きくなり生産は伸び悩み，あるいは減産され，需要のある作物は増産される．

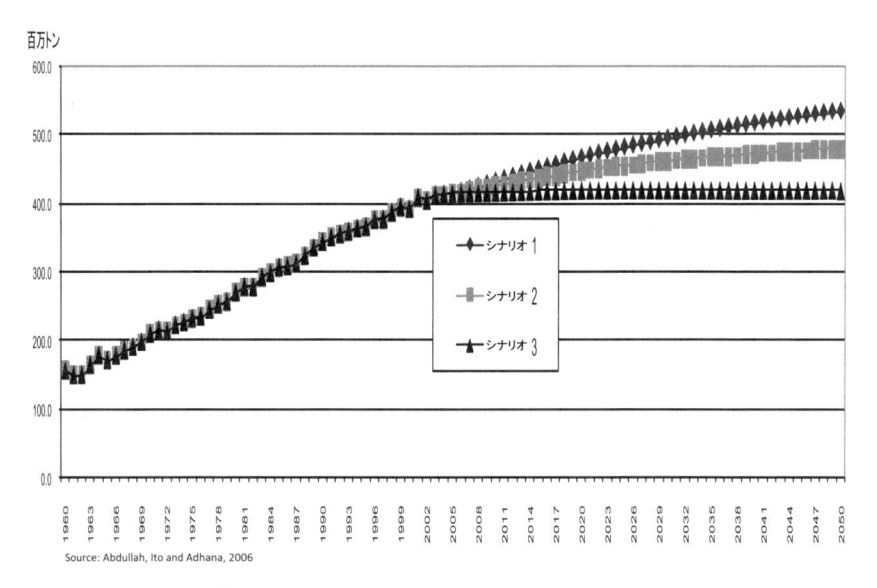

図5.2　世界におけるコメ総消費量の2050年予測（3シナリオ）

3. 過去半世紀の生産量の変化

1960年代から現在までの世界の主要農産物の生産量をみると，それぞれの農産物は増産の傾向にはあるものの，それぞれに独特の変化をたどっていることが分かる．図5.3にその動きを示したが，これらコメ，コムギ，コーン，ダイズの中で1960年代に量的に最高だったのはコムギである．ところが，コムギは1990年頃から増産の勢いが衰えてしまった．1990年にこれまでの史上最高である6億トンのレベルをほぼ達成したが，その後は7年間の間それを上回ることができなかった．ようやく1997年に1990年の記録を上回ったが，その量はわずかに2千万トン（3％）の増加でしかなかった．そうして，その後は再び減産となり，1997年の記録を上回ることができたのは再び7年後の2004年であった．この時も，わずか2千万トンの増加に留まった．結局，1990年から2004年までの人口増加率は21％であるのに対して，コムギのこの間の増産率はそれを遙かに下回る6％でしかなかった．

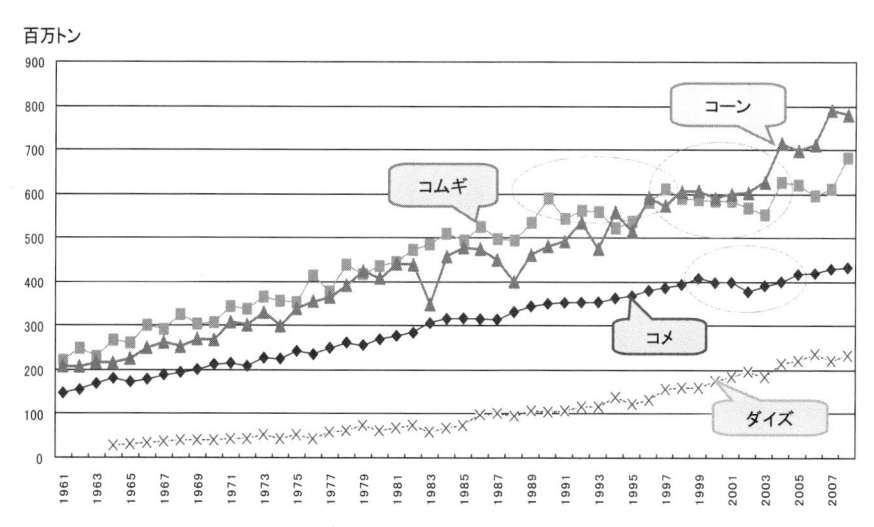

Source: S. Ito; World Food Statistics and Graphics (http://worldfood.apionet.or.jp), Kyushu University, Japan September, 2007. (Original sources are from ERS/USDA; PSD Online, November 2008). Note: Rice is milled basis.

図5.3 世界におけるコメ，コムギ，コーン，ダイズの生産量の推移（1961年～2008年）

どうしてこのようなことになったのか，コムギの増産は限界に来ているのか？決してそうではない．これを価格の変化と並列してみると，この間のコムギの価格は低迷していたことがわかる．また，単収の増加もあまりみられず，生産コストの削減もなく，結局は採算に合わない，という状況で，世界のコムギ農家が他の作物に徐々に切り替えていった，というのが実情である．特にその傾向はアメリカで強かった．

その一方でコーンはどうであったか？1990年頃から2005年頃までは主要農産物の価格は1990年代の後半の一時期を除いて一般的に低迷をした．その状況はコーンにも当てはまる．しかし，コーンは増産を続け，1998年からはコムギの生産量を追い抜き，主要農産物のトップの座をしっかりとつかんでしまった．その後は4〜5年間の横ばいをみた後は一気に増産となり，2007年産ではコムギの6億1千万トンをはるかにしのぐ8億トン近くの生産を遂げた．

価格の動きはほぼ同じ傾向を示しながら，なぜこのような違いがコムギとコーンに発生したのか．それはコムギが人の食用に大きく偏り，エサ用や加工用の需要が限られたものでしかないことに起因していると考えられる．その一方で，コーンはエサ用が全体の4分の3を占め，また，残る3分の1も加工用が大半を占めている．食用に回るのはわずかでしかない．世界の食料消費は経済の発展と共に穀類を直接食べる量が減少し，肉類や酪農製品を食べる量が増大する．このため，エサとなるコーンの需要は拡大の一方となる．また，生産サイドも，コーンは米国が世界の4割を生産するという状況下で，米国はコーンの生産性を上昇させてきた．コーンの1 ha当たり単収でみると，米国は1990年頃の平均7トン余から近年の9.5トンへと40％近い増加を遂げている．この間に大きな技術革新があったわけである．その一方で，コムギは同じ時期に2.5トンから2.8トンへと10％余の上昇でしかない．

こうして，コムギはコーンに大きく引き離されることとなった．ここでコメに目を向けてみると，コメもコムギに似たところがある．エサや加工に利用される量が極めて少ないのである．いや，コムギ以上に少ない．FAOの統計によるとコムギのエサ・加工向けが1億トン程度であるのに対して，コメ

はその10分の1程度である（2002年のデータによる）．

　よって，コムギと同じ状況がコメにも起きている．1999年に史上最高の生産量，4億トン（精米換算）を初めて上回ったが，その後はこれを更新するのに6年間を要した．2005年の生産量も1999年の量をわずかに1千万トン弱の増加であった．価格の低迷に生産が打ち勝てないのである．市場価格が低迷すると，生産農家は単収の増加などで生産コストを切り下げることができるのであれば，生産を継続・拡大することができるが，そうでない場合はより収益の上がる作物に一部の土地を切り替えるか，あるいは生産性の悪い農地は生産を止める，という手段をとる．よって，そのような場合は価格の低迷がその作物の生産の減産をもたらすことになる．コムギの1990年から14年間，および，コメの1999年から6年間の「供給のスランプ」がそれに当る．

　ダイズは2008年の生産量が2億4千万トンであるが，20年前に1億トン前後であったことから比べると，飛躍的な増産を実現していることになる．この増加率はコメ，コムギ，コーンの比ではない．世界のダイズはその多くが搾油に使われるが，その油の需要拡大のみならず，その油を絞ったあとのダイズ粕が重要なエサとなる．また，ダイズ加工品も多く開発されている．こうしたことからダイズの需要は大きく，生産性も上昇し，ここ20年間はアメリカ，ブラジル，アルゼンチンなどを中心に大きく増産されている．

4．単収の変化と増産の可能性

　それでは，世界の農産物の増産の可能性はどうなっているのであろうか．これを判断する一つの材料として作物の単収が過去数十年間にどれくらい伸びているか，また地域間でどのように異なっているか，が大きな示唆を与えてくれる．まず，世界の生産面積と単収の変化を図5.4にみてみたい．これをみると，生産面積はコムギは1980年当たりからすでに減少の傾向を示し，コメは1970年代半ばからは微増に留まっている．コーンは1980年をピークに減少又は横ばいとなっていたが，2000年代には増加に転じている．ダイズはほぼ順調な増加となっている．このことは，ダイズを除き，基本的には生産面積の増大よりも単収の増加が生産量を押し上げてきたと言うことにな

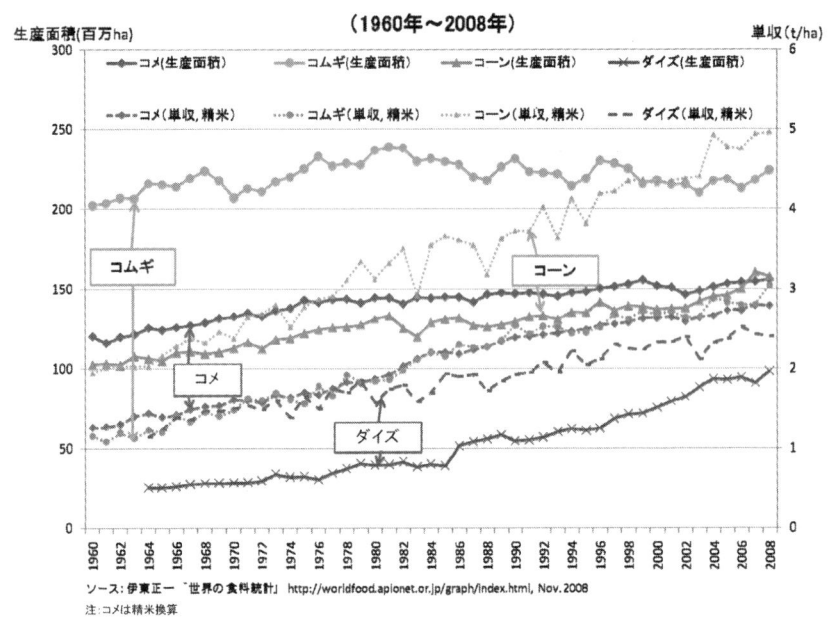

図 5.4 世界におけるコメ，コムギ，コーン，ダイズの生産面積と単収の比較（1960年～2008年）

る．

　そこで次に，世界の主要農産物の単収は今後も伸びるのか，それとも今がもう限界なのか，について見てみたい．これを解析するためにそれぞれの単収の変化を生産国のレベルで見てみたい．図5.5は1960年から現在までのコメの1 ha当たり単収を日本，アメリカ，中国，ベトナム，タイ，アフリカ諸国（平均）でみたものである．まず，単収の高い日本とアメリカを比較してみたい．日本が1990年ころまではアメリカより高い単収を示していたがその後はアメリカの単収の方が高くなっている．これは，アメリカは政策的に高い単収を得た方が補助金も多く得られるようにしたため，生産農家もそのような方向で努力をしてきた．日本は単収の増加ではなく，むしろ味を良くすることに専念してきたために，単収は頭打ちとなっている．

　その一方で，中国，ベトナム，タイ，アフリカの動きが興味深い．この4カ

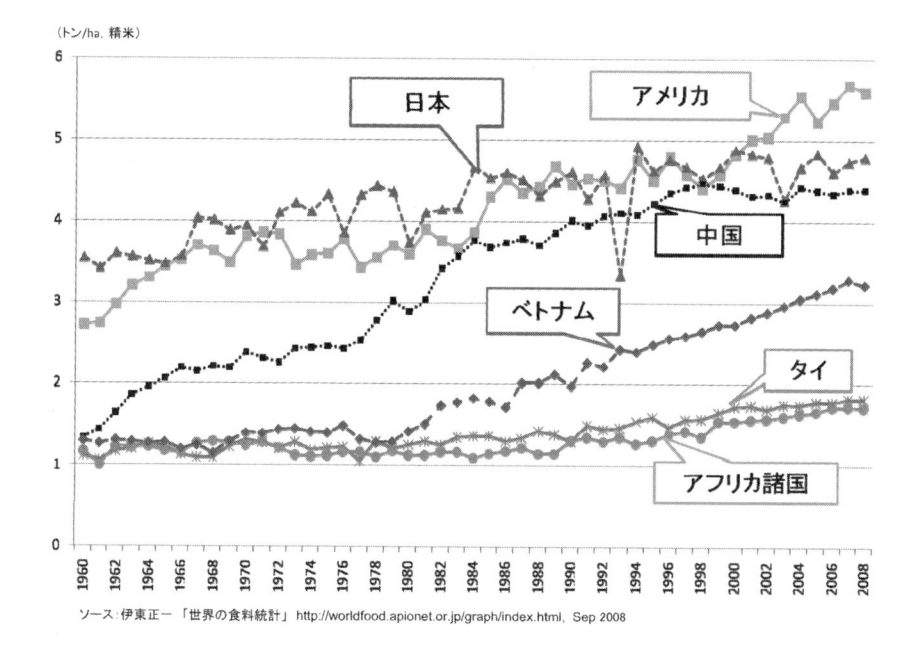

5 バイオ燃料と国際食糧需給問題　105

図5.5 アメリカ，日本，中国，タイ，ベトナム，アフリカ諸国におけるコメ単収（精米換算）の推移（1960年～2008年）

国・地域は1960年代初頭は1ha当たり1トン余のレベルでほぼ並んでいた．しかし，中国はその後は急上昇を遂げ，現在では4.5トン前後（精米換算）で推移している．中国は3千万ha前後のコメの生産面積を占めており，こうした単収の増大は世界のコメ生産を大きく増大させてきた．人類の努力の仕方ではこのような増産も可能にすることを物語っている．ベトナムもベトナム戦争の終結後である1970年代後半からは中国と同様に急速に単収を上げている．

タイとアフリカの単収はこの半世紀では殆ど増加はしていない．1960年代初頭には1ha当たり1トン余りであったが，2000年代においても2トンにまだ遠くおよばない状況である．中国やベトナムと比べ大きく引けをとっている．しかし，これは決して土壌に問題がある，ということではない．高収穫の品種，適切なる肥料や水管理，灌漑施設などの技術を導入すれば，発展

国レベルの単収を上げることが決して不可能でないことはすでに多くの場所で実験済みである．ただ，現地では安いコメの価格に対してこのような投資は採算に合わない，ということからそのような対策がとられなかった．また，農家が農業には余り手をかけず農外収入の道に走ることはよくあることである．こうしたことはアフリカにおいてもみられることであるが，これは農産物の価格が安いからこそ発生する現象である．価格が高くなれば農家は農業により多く専念し，自ずと生産は刺激される．

このような単収の違いが発展国と発展途上国，あるいは，国策としてどれほど力を入れているか否かで歴然とした違いを見せているのは，コメだけではない．コムギ，コーン，ダイズなどでも同じ状況である．このように，技術移転・普及を含めた農業への投資がされているか否かでは単収に大きな影響をおよぼす．

さらに，ブラジルのセラード開発の偉業は現代を生きる人類にとって見逃すことはできない．ブラジルの北部の広い地域を占めているが，強い酸性の土壌で"草も生えない"と言われたほどの痩せた土壌を石灰や鶏糞を大量に投入するという継続的な土壌改良への努力によって肥沃な土壌に転換させている．この地域はダイズが多く生産されているが，その単収はアメリカの単収にまさるとも劣らないレベルに達している．この地域の農業開発は今も続けられている．土地が豊富にある国々においては，経済が発展すればするほど農業も発展している．それだけ，農業にも投資が可能となるわけである．ここには，日本のODAによる経済協力が1980年代初頭から20年間に亘って実施されたことも付記しておきたい．

5．農業における国際地域間競争

先に，コメとコムギの「供給のスランプ」について触れたが，今度はこれを国際地域間競争の観点からみていきたい．そもそも，農産物の輸出競争は今に始まったことではない．20世紀の初頭からすでに米国など，生産拡大と生産過剰から，政府を巻き込んだ熾烈な輸出拡大が展開されている．

ところで，国際地域的に主要な輸出農産物をみてみると，大まかに地域の

特性が分かる．コメはタイを筆頭にアジア諸国からの輸出が全世界の約8割強を占めている．コムギは米国を筆頭に欧米諸国が7割を占めている．更に，コーンは，これも米国を筆頭に，北米と南米とで世界のほぼ9割を占めている．更に，ダイズも米国を筆頭に北米と南米とで世界の9割5分を占めている．

こうしてみると，コメはアジア，コムギが欧米，コーンとダイズが北南米の力が大きいという構図が見えてくる．こうした地域の農産物に根ざした国際競争は当事国の生産農家にとっては生死をかけた問題であり，そうした主要生産物の需要が減退することは，価格の低迷を招き，ひいては減産を意味するものとなる．日本のコメがそうであったように，主要農産物がそのようなことになると，農業そのものが産業としての力を失う．よって，国の内外でその需要が拡大しない限り生産者にとっては死活問題となり，政治問題ともなる．それだけに，国の威信をかけた輸出競争が展開されるわけである．輸出国は海外市場（海外での需要）が拡大することに対して力を注ぐ．需要が拡大することは輸出国の生産者にとってはプラスになることであり，輸出国は常にこの努力を怠らない．だからこそ，日本のコメ輸入が2007年度に世界に約束した輸入量を達成しなかった際に米国を初めとする輸出国からクレームが出たわけである．国際価格が高いから約束の輸入量を満たさなくて良い，という理屈は輸出国にとっては受け入れられない．それほどに農産物の国際輸出競争は厳しい戦いなのである．

その輸出競争の勝ち負けを品目ごとにみると，先の図5.3からも示唆されるように，コメとコムギは負け組に入るであろう．コーンとダイズが勝ち組である．特にコムギは前述のようにその需要の減退が大きい．

よって，コメとコムギの将来の展望は暗い．というのは，これら二つの需要は人による直接の消費がその殆どを占めているからである．つまり，食料以外の需要が少ない．コーンとダイズがエサやバイオ燃料，加工などにその殆どが向けられているのとは対照的である．このため，コメとコムギは世界の人口増が需要拡大の"頼りの綱"，ということになる．ところが，その世界の人口増加率が減少の一途をたどり，近年の増加率は年1％をわずかに上回

る1.17％．今後はさらに減少し，いずれ1％の増加率を割り込むこととなろう．このままでは，コムギの世界の消費量が頭打ちになるのは意外に早い時期となるかもしれない．コメにとっても同様なことが言える．特に，コメはアジアの一人当たり消費量が減退の兆しである．このため，カナダのSmil (2004)は世界のコメの増産は今後は必要ない，とまで強調しているほどである．いずれにせよ，このままでは，人による直接の消費が主体となっているコメとコムギは先行きの見通しは暗く，さらなる需要減退が予想される．

人による直接の穀物の消費が一人当たりでみると減少傾向にあるのも，世界の人々が肉類や酪農製品をより好んで消費する傾向があるからである．当然ながらその生産材料となるエサの需要は拡大する．世界的にみると，前述のようにエサの主な原材料となっているのがコーンであり，また，ダイズ粕である．ダイズはまずは油を絞ることに利用されるが，その油を絞ったあとのダイズ粕はエサとして価値が高い．また，コーンとダイズはバイオ燃料の生産にも利用され，その需要は拡大の一途をたどっている．

こうしたことが関係し，今やコーンの生産量は8億トンに迫り，コムギを遠く追い抜いた．20年前までの状況とは大きく異なっている．ダイズもアメリカだけでなく，ブラジルを初めとする南米諸国で急激な増産がみられ，その勢いはここ20年間でも平均で年5％を上回る驚くべき増産率である．近年は2億5千万トンレベルに近づいているが，伸び悩むコメを追い抜くのも時間の問題かもしれない．

こうしてみると，アジア地域の農業が主体としているコメは不足するどころか，逆に国際地域間競争に押され決して見通しの明るいものでないことが見えてくる．

6．農業に依存する発展途上国の経済と貧困問題

アジアは発展途上国が多い．確かに，BRIC'sの中に中国とインドが含まれるほどに経済発展を遂げている人口大国もあるが，そうした国でも農業のウェイトの大きさは発展国の比ではない．農業GDPが全GDPに占める割合は，2006年において，日本では1.2％であるが，中国とインドはそれぞれ12

％および18％である．これに対し，ベトナムやバングラデシュが約20％，カンボジアやラオスに至っては今も30％台から40％台となっている．それだけ，国の経済に占める農業のウェイトが大きく，農業の繁栄が貧困問題の解消に直接関わっていると言っても過言ではない．

図5.6はASEAN諸国の農業GDPとコメの国際価格との関連性をみたものであるが，これによると，1998年のアジア通貨危機の年を除いて，コメの価格の上昇・下降に伴って農業GDPも大きく変化している．主要農産物の価格は同じように変化することが多く，コメの価格の上昇は他の穀類の価格上昇も同時に発生しているとみて良い．いずれにせよ，農産物の価格が農村の所得を直接に影響を与えていると言うことである．

つまり，農産物の価格の上昇は発展途上国にとって極めて重要であり，むやみに価格の下落を引き起こすことは発展途上国の貧困問題の解決とは逆の方向に誘導することになる．

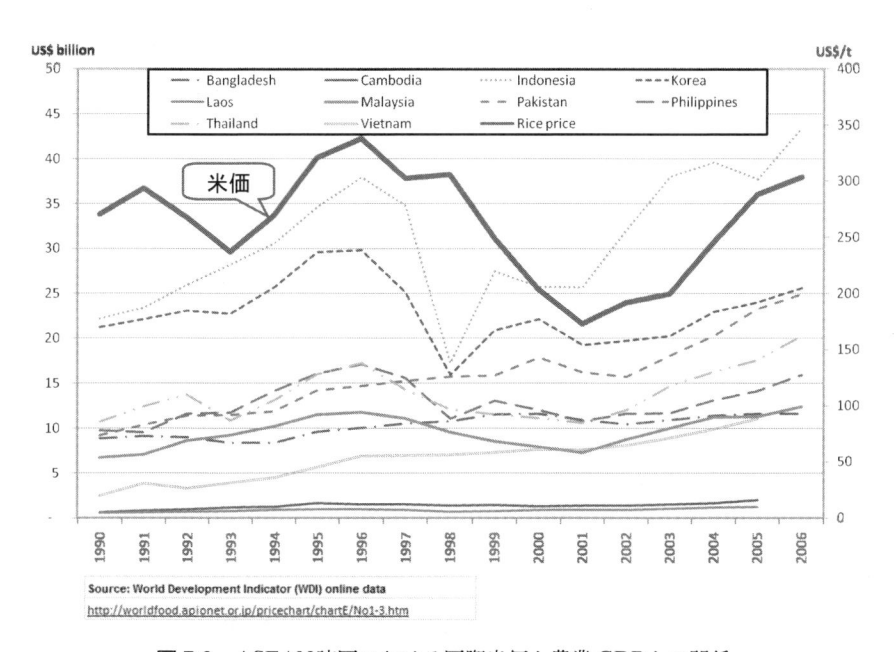

図5.6　ASEAN諸国における国際米価と農業GDPとの関係

穀物をバイオ燃料に使うべきではないのか？：

　穀物は人間が食べるべきで，燃料の生産に使うべきではない，という議論がある．これは穀物がエタノールなどの燃料に使用されることにより，穀物の価格が上昇し，その結果，世界の貧困層の人たちを飢えに追いやる，という考え方からであろう．しかし，こういう考え方がいかに現実的でないかについて解説したい．

　第1に，農産物の価格が上昇することは，その多くが貧困層である発展途上国の農民に富をもたらす点である．これは前述した通りである．第2に，穀類がエタノールに利用されないとすると，穀物価格はこれまで通り低迷のまま推移することが考えられる．そうなると，世界の生産農家は儲からないものをそのまま旧態依然として生産を続けることはしない．儲かる農産物により多くの力を注いで生産していく．よって，穀類の生産は縮小させ，儲かる農産物，つまり，現代であればバイオ燃料に繋がるヤシ類，油脂植物，その他多くの農産物を生産することになる．要するに農家は儲からない穀類の生産面積を少なくしてそこにバイオ燃料の原料となる作物を生産するという行動に出る．そうなると，穀類の生産量が減少するので，穀類の価格は多少の時間差はあれ，いずれ高くなるわけである．穀類の市場価格の上昇を止めることはいずれにせよ不可能である．

　第3に，農作物の生産はその地域の生産者が最も得意とするもの，地域の地理的条件に適したものを生産できることが国際社会からみても理想的な姿である．そう言う点でアジアはコメの生産を得意とする．そうであれば，コメを増産することにより，国際貢献をすることが自然である．一部は食料に，一部はエサに，一部は燃料に，という形で消費されれば良いわけである．増産されることによりバイオ燃料用に回る分もより多く発生してくる．

　第4に，バイオ燃料の材料となりうる農産物は林産物や水産物も含めて世界には豊富に存在する．よって，それぞれの地域で最も適したものを生産することこそが資源の有効利用となる．要は，原材料の価格だけでなく，加工プロセスのコストも含めて，どの地域のどの品目の生産がバイオ燃料に最も効率的か，ということが重要になる．そのメカニズムを示したのが図5.7で

あるが，それはそれぞれの農産物の間での競争でもある．バイオ燃料の生産コスト，そして，原油価格の変化なども考慮して，効率の良い品目（ひいては農産物だけでなく，林産物や水産物などを含むすべての品目）から各地域において最も効率の良いものをバイオ燃料生産に使用すると言うことになる．穀類のコーンやサトウキビが現段階では効率的であると言うことであれば，それは大いに活用すべきである．その一方でセルロースや微生物利用などによる新たな技術を開発していくことは当然ながら重要なことである．

　第5に，穀類などの農産物の価格が上昇した場合，世界の生産は大いに刺激され，生産量が増大していく，という点である．土地，農地の効率的活用は世界のレベルではまだまだ低い．それは前述の図5.5の各国の農産物の単収の違いで詳述した通りである．発展国ほど高い状態であるが，灌漑設備への投資など，人類がそれほどの力を注入すれば農産物は増産されていくことを物語っている．カリフォルニア州が全米でも有数の農業生産を誇っている

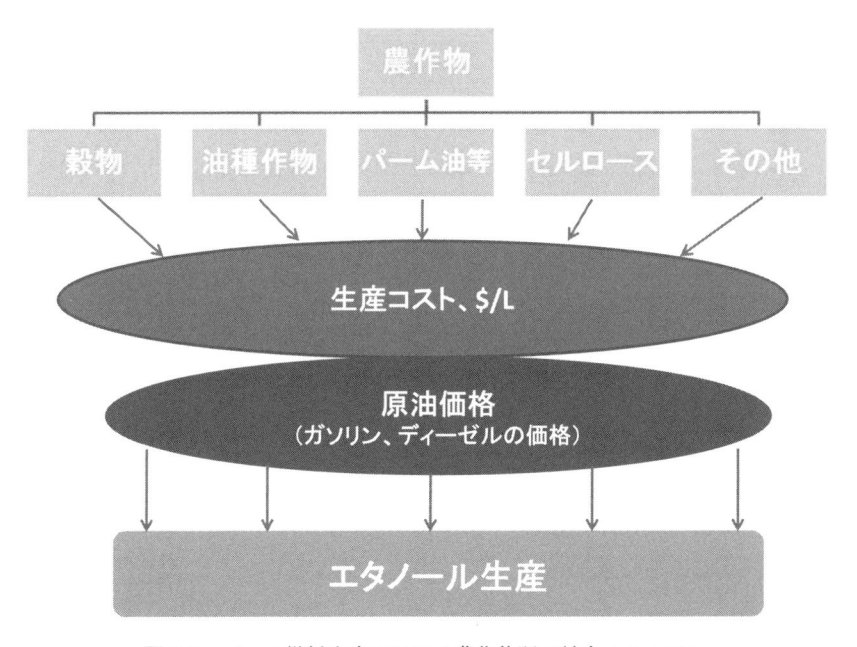

図5.7　バイオ燃料生産における農作物間の競合メカニズム

が，それは灌漑事業が行われてきたからこそである．半乾燥地帯で不毛の地とされていた地域が見違えるほどの農業地帯になったわけである．こうした努力は，これまで農業に活用できなかった土地を農地として活用できるようになることをことを物語っている．

　第6に，穀類がエサとして肉類生産のために使われることを肯定するのであれば，穀類が燃料の生産に使われることも肯定しなければ理にかなわない．というのは，現代の社会は燃料があって初めて農業・食料の生産が成り立っているからである．先進諸国では特にそうであり，燃料と農業は切っても切り離せない．また，エサにおいては日本の和牛，霜降り肉の生産がいい例である．日本の肉牛生産農家は一頭の肉牛を生産するために4トンから5トンの穀物をエサとして使う．肉牛は約600 kgの成牛となって出荷されるわけであるが，その成牛を屠殺，解体し，骨や皮，油などを除いて肉の部分だけを残すと，1 kgの肉の生産に対して20 kgの穀物を与えていることになる．穀物1 kgからはわずか50 gの肉しか生産されていない．このような現実からみると，穀類からのエタノール生産の方がより高い生産性をもたらすのではないか．

　第7に，生産農家は政府の補助金で保護されるより，みずから生産したものをまっとうな価格で販売することによってみずからを保護することを望んでいる．その方が生産者も誇りをもって農業に従事することができる．それは労働する者すべてに共通することであろう．

　価格の上昇は生産農家にとって大きな刺激である．市場価格の上昇はどの国の農家にとっても補助金より遙かに喜ばしいものである．農家が自ら独立する意識を持ち，新たな投資も可能となるからだ．それがまた増産へとつながる．穀類を燃料に使うことによって発生した近年の世界的な穀物価格の上昇はそのような機会を世界の農民に与えることになろう．

　近年の農産物の価格の上昇は世界の農家に富をもたらしている．それは，石油生産国が大きな富を得ているのと似ている．しかし，石油生産国は一握りの限られた国々であるが，農業は殆どすべての全世界の国々が多かれ少なかれ所有しているものである．発展途上国の人々の農業に携わる人数は発展

国のそれよりも遙かに多い．農産物価格の上昇はその人々に新たなる希望を与えている．逆に，食料の価格が低迷している限り，増産は容易ではない．

7．まとめ

　世界の食糧増産の余力はまだ多く残されている．過去における食糧の増産は，価格の上昇により生産が刺激され，また，技術の開発・発展により価格が安くても増産がされる状況を繰り返してきた．過剰なる増産により，市場価格が生産コストを下回るほどに暴落することも珍しくはない．しかし，おしなべて，市場価格を実質価格でみるとき，一定して価格が下落しているにもかかわらず世界の生産量が増大しているのは，生産者たち自らの努力と多方面からなる技術開発があったことに他ならない．

　その一方で，発展国の技術開発や生産補助金により生産が拡大され，国際市場価格が低迷し，発展途上国の農業生産に水をさす状況であったことも否めない．いま，穀物の国際価格は変動はあるものの原油価格に支えられて高い水準で推移している．この高価格が刺激となり，世界で穀物の増産が図られることになろう．そうなると，需要が拡大していかない限り再び暴落を招くことになる．特に，エサやバイオ燃料向けが少ないコメやコムギはその可能性が高い．アジアではコメが農業の基幹作物となっている．農業の活性化を図るためにもコメによるエタノール生産はアジアにとって重要な課題である．

　そのような中で，日本の役割も大きい．コメを含む多方面の農林水産物による食料増産及び燃料生産の技術開発を進め，それを発展途上国に技術移転すること，このような国際貢献が今後一段と求められよう．

　注：本論の図のデータは主に拙著ホームページ「世界の食料統計」（http://worldfood.apionet.or.jp）より活用した．

参考文献

Abdullah, Alias Bin, Shoichi Ito and Kelali Adhana (2006) : "Estimate of Rice Consumption in Asian Countries and the World Towards 2050," 伊東正一編著「第11回 世界のコメ・国際学術研究報告会報告書」（科学研究費補助金・基盤A，No.

16255012), pp. 28-43.

Ito, Shoichi, E. Wesley F. Peterson, and Warren R. Grant (1989). "Rice in Asia: Is It Becoming an Inferior Good?," American Journal of Agricultural Economics, Vol. 71, pp. 32-42.

Ito, Shoichi and Toshiyuki Kako (2005): Rice in the World Verging on a Grave CriSiS, *Farming Japan*, 39-5 : 10-33

Smil, Vaclav (2004) : "Feeding the World: How much more rice do we need ? ," World Rice Research Conference 2004, Tsukuba, Japan, November 5-7, 2004, pp. 1-3.

United Nations, UN (2008) : Department of Economics and Social Affairs, World Urbanization Prospects: The 2007 Revision Population Database, http://esa.un.org/unup/, visited on December 4, 2008.

第6章
バイオ燃料と食糧との競合と農業問題

五十嵐　泰夫
東京大学大学院農学生命科学研究科

1. はじめに

　ここ数十年の中で，2008年ほど資源問題が脚光を浴びた年はなかったであろう．2008年前半の石油価格や穀物価格の異常な高騰，一転して後半の急落，原因・要因はいろいろと考えられようが，我々の生活がいかに不安定な資源の供給に依存しているかを思い知らされた年であった．今後，食飼料，エネルギー，金属などの資源の安定確保は，世界における最も重要な課題となるであろう．

　近年，新たなエネルギー資源，炭素資源としてのバイオマスに注目が集まっている．バイオマスは，太陽エネルギーを第一次エネルギー源とする再利用可能な資源であり，また使い方によっては持続可能となりうる資源でもある．一方でバイオマスは，食飼料として他に変わるもののない資源であり，その利用方法の配分が，我々の日常生活にとって大きな意味を持つことがすでに示されている．

　一方で，近年世界的に最も関心の高い環境問題として，「炭酸ガス問題」がある．大気中の炭酸ガス濃度の上昇の原因が，化石燃料の燃焼によることは明らかであり，そのことが地球温暖化に繋がり，我々の生存を脅かしているとされる．

　さらにわが国独自の問題として，人口の減少問題がある．人口の減少は国家の存亡に関わる最大関心事である．特にわが国における農林村部における

人口の減少，従業者の老齢化は，食糧の自給をはじめとするわが国の資源確保にとって見過ごせない問題である．私は，わが国の繁栄には，地方における農林業の活性化，それに伴う若年層の増加，出生率の増加が必須であると信じている．

以上，地球上における人類生存に最も重要なエネルギー問題，環境問題，さらには人口問題等から考えて，地球上の炭素循環システムを正常に機能させることが，循環型かつ持続型の社会の形成，維持のために現在最も重要かつ必要な課題であると断言できる．現在の地球上の炭素サイクルの中でボトルネックとなっているのは，炭酸ガスの有機化の部分であるのは間違いない．我々の周囲で，400 ppm以下という希薄な大気中炭酸ガスを有機化できるのはほぼ生物の炭酸同化作用に限られており，この生物作用を産業として我々の生活に役立てているのは農林業である．したがって，その農林業の後ろ盾となっている農学は現在最も必要とされる学問分野であり，その重要性はいまさら言うまでもない．また，カーボンニュートラルなどという非科学的な考え方に惑わされてもいけない．炭酸ガスはどこから排出されても同じ炭酸ガスであり，一方，大気中の炭酸ガスを固定・有機化する（カーボン・ネガティブ）産業は，前述の通り地球上でほぼ農林業に限られるのである．すなわち農学，農林業こそが現在地球上に暗雲を立ち込めさせている資源問題・環境問題を解決に導くことのできる学問そして産業分野といえる．

本章では，バイオマス資源の有効利用について，主にバイオエタノール（バイオマスから発酵で造られるエタノール）のエネルギー利用を中心に，最近特に問題視されている「食糧との競合」や「農業のエネルギー自給率の向上」の観点から，諸外国の事情と対比して「日本農業の現状の中で何ができるのか」について議論してみたい．

2. 資源としてのバイオマス：バイオマスエネルギー（バイオ燃料）の置かれている，置かれるべき位置）

現在，日本人は一人当たり年間約17トンの資源を使用し，10トンの生産物を作り，4トンの廃棄物と10トンの炭酸ガスを排出している．4トンの廃棄物のうちの約60％は有機性の廃棄物である．現状では，有機性資源の多くは化石資源であり，また資源のリサイクル率は10％程度に留まっている．

このような状況がいつまでも続けられるわけがないことは，一時的だったはいえ今回の原油価格の高騰が如実に物語っている．私たちの将来の生活は，いずれ身の丈にあったもの，すなわち生産される有機物（バイオマス）に見合った消費をする循環型に移行せざるを得ないことは明白であろう．そして，生物の働きを人間生活に役立てようとするバイオテクノロジーが，そのようなバイオマス利用の循環型社会において，重要な役割を果たすであろうことも明白であろう（図6.1）．

資源としてのバイオマスには，炭素資源としての立場とエネルギー資源の立場がある．このうち，炭素資源としては，(1) 食糧・飼料，(2) 炭素素材としての二面がある．さらに炭素素材としては，木材や繊維のように高分子をそのまま利用される場合と，抽出または分解して，低分子原料として利用される場合がある．エネルギー資源としては，(1) そのまま燃焼，(2) 油分からのBDF（バイオディーゼル燃料），(3) 糖分からのアルコール，(4) メタン・水素等の燃焼ガス，

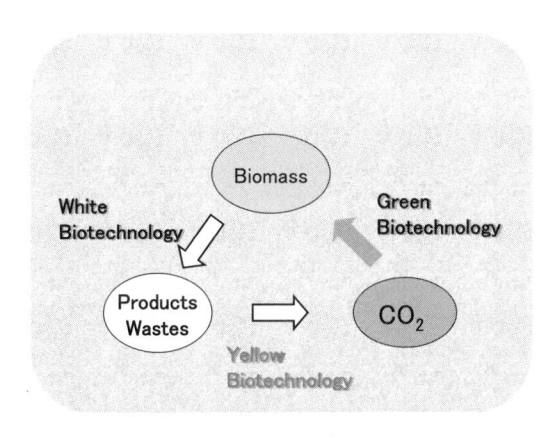

図6.1 バイオマス利用はバイオテクノロジーの出番

としての利用が考えられている．いずれにしても，炭素資源としての利用が資源のカスケード利用の面からも経済的にも上位に位置し，エネルギーとしての利用はその下位，下流に位置すると考えるのが一般的である．

ところが近年，バイオ燃料生産と上位に位置するはずの食糧生産との競合が問題とされている．現実には，飼料との競合はさらに深刻化している．どうしてこのような「あってはならないこと」が起こるのか？

現代の文明社会においては，人間の直接のエネルギー源すなわち食糧と，人間がそれ以外に利便性等を求めて使っているエネルギーとでは，後者の方が数十倍多い．日本人を例にとれば，一人当たりの一日の食糧エネルギー必要量は約2,000 kcal（供給量は約2,450 kcal），日本のエネルギー総消費量を人口で割ると約120,000 kcal，すなわち日本人は食糧として必要なエネルギーの約50〜60倍を食糧以外に使っていることになる．また，アメリカの例で挙げれば，バイオエタノールというのは基本的には，コーンスターチの価格安定化策，作りすぎたコーンスターチの逃げ道であったはずである．つまり余ったコーンスターチをエタノールにしてガソリンに混ぜても，ガソリンや石油の価格に何ら影響をあたることはない．一方で，燃料の方を食糧に優先したらどうなるか．アメリカのお隣のメキシコで起こったことが，その怖さを物語ってる．

私は，素人考えながら，現在の食糧とエタノールの競合というのは，主にアメリカの行き過ぎた保護・振興政策や投機資金が本格的に食糧にまで及んできたことが大きく影響しているのではと思っている．アメリカ政府がいったいどのくらいバイオエタノール生産に補助をしているかは良くわからない．最近ECはアメリカのバイオエタノールには1リットル当たり約30セントの補助がなされているとのクレームをつけている．最終的には，「食糧の方が大事だ」ということで収まるとは思うが，近年の投機などの行き過ぎた経済には怖いものがあるのは事実である．

日本一人当たりの
必要摂取エネルギー；約2,000 kcal　　1
供給食糧エネルギー；約2,550　　1
使用全エネルギー；　約120,000　　60　47

図6.2　日本人のエネルギー使用量

米（コメ）については，東南ア

ジア各国の主要穀物であり，かつ国際流通量が少ない，また主に粒のまま流通・利用されるためか，小麦やコーンと違ってあまり世界的な投機の対象にはならなかったが，それでもすでに投機の影響が出ているようである．日本についても，今後の投機等による価格変動の影響は少なくないと考えられる．江戸時代までの「米本位制」に戻せとは言わないが，食糧としての米を重視する伝統的な考え方は重要である．

3．バイオエタノールの持つポテンシャル

それでは，世界のエネルギー問題，環境問題に，バイオ燃料特にバイオエタノールはどの程度のポテンシャルを持つのであろうか．世界の2大バイオエタノール生産国，アメリカとブラジルで考えてみよう．両国では，作っているのは同じエタノール，使用法も自動車燃料で同じであるが，製造に関わる事情は全く異なっている．

まず，アメリカの場合はどうか．アメリカで生産されたエタノールが国外に大量に出ることはまずないであろう．アメリカで生産される全てのコーンスターチをアルコールにしたところで，同国で使われている輸送用自動車燃料の5〜7％程度にしかならない．現状ですでに生産されたコーンスターチの三分の一近くがエタノールになっており，コーンスターチからの生産の大きな増加は期待できない．現在，セルロース系資源からのエタノール生産技術の開発に躍起になっているが，果たしてアメリカの農民がアルコール生産用の安価な作物の生産にどの程度の意欲を燃やすのか，コーンのようなメリットはあるのか，きわめて怪しいと考えている．また生産物がエネルギー利用に限られる農業というものが，アメリカにおいて今後，価格面のみならず，エネルギー収支面でどこまで立ち行くものなのか，技術面も含めて，今後の検討が必要であろう．

もうひとつの大義名分，炭酸ガス排出削減はどうか．アメリカでコーンを栽培して，コーンスターチからエタノールを作った時のエネルギー利益率（EPR：できたアルコールの持つ燃焼熱と作るために使ったエネルギーの比率）は概ね1.3程度といわれている．これでは本当にエネルギー的にプラス

になっているのか，さらに炭酸ガス削減になっているのか疑わしい．「アメリカのバイオエタノールは，固体・気体燃料の液化」と看破する日本の石油関係者もいるくらいである．

図6.3 ブラジルのガソリンスタンド
ガソリンとともにバイオエタノール（ALCOOL）も売られている．

一方のブラジルでは，だいぶ様相が異なる．まず，原料のさとうきび，およびエタノールの生産に関わる状況がアメリカとは大きく異なるため，エネルギー利益率（EPR）が約8〜9と，明らかにプラスになっている．また，サンパウロ州を中心としたブラジル南西部には現在，せいぜい牛の放牧程度にしか使われていない荒地がたくさんあり，さとうきびの生産余力がある．現在，生産されているさとうきび中のショ糖のうち約40％が砂糖に，約60％がエタノールになっているとされるが，ブラジル政府は将来さとうきびの生産量を倍にして，増産した分を全てエタノールにしようという計画を立てている．これによって，同国のさとうきびから生産するバイオエタノールで，世界の全エネルギー消費の10％を賄うことが可能になるとしている．本当に「畑を油田に」という感じである．またこの計画よって，新たに190万人の雇用を創成すると言っており，農業に未来が感じられる話であるが，今後環境への影響，労働力の需給の面等での検討が必要となろう．

4．日本で何ができるか？

日本は資源に恵まれない国である．バイオマスについても同様であり，わが国はアメリカのとうもろこし，ブラジルのさとうきびのような特別大量に

生産されているバイオマスを持たない．それでは，アメリカともブラジルとも，それと今回は取り上げなかったがアジア諸国とも状況の全く異なった日本で，何ができるであろうか．わが国においては，諸外国とは異なったバイオエタノールの生産・消費システムが考えられる必要がある．

講演者らは，日本型のバイオ燃料システムとして，東大生産技術研究所の迫田教授や望月准教授とともに，「地産地消型バイオ燃料システム（地燃料システム）」を考え，現在長野県信濃町で実証試験を行っている（JST科学技術振興調整費）．

国内のエタノール生産を考える場合，最も問題となるのは，原料となるバイオマスの確保である．例えば，アメリカではバイオエタノールを生産するのに最も経済的・エネルギー的に効率的なのは，年産約20万KL程度の規模の施設であるというのが一般的である．しかし，わが国では，これだけの量のバイオマスを効率的に一箇所に集めるのは困難であり（農水省プロジェクトで今年度より実証試験開始），実際現在日本で計画されている最大のバイオエタノールプラントは年産15,000 KLの生産能力である．昨年度開始の農水省プロジェクトの一環として北海道の2箇所で計画されているが，いずれも原料は糖質である．

このような小さなエネルギー生産システムにおける最大の問題点は，いかにエネルギー利益率（EPR）を確保するかということである．いかにわが国

(1) エネルギー・環境問題
　大規模：E3（180万KL），E10（600万KL）
　価格＜40円／L？，外国産でも良い
　エネルギー利益率＞＞1
(2) 農林業振興
　中一小規模：数千‐数万KL／年
　価格＜100円／L
　エネルギー利益率＞1
(3) 廃棄物処理
　小規模　エタノール生産は？（BDF，メタン）
　価格　逆有償
　エネルギー利益率　気にしない

図6.4　バイオエタノール―何のために

1. 如何に効率的にバイオマスを集めるか？
2. 如何に安く糖化するか？
3. 如何にできた燃料を使うか？
4. 如何に廃棄物・廃水を出さないか？
5. 如何に炭酸ガス発生量を減らすか？

図6.5　主な問題点

の農村振興を旗頭にしても，エネルギー問題にも炭酸ガス問題にも全く貢献しないのでは，大義名分が立たないし，逆にやってはいけないということになる．「エネルギー利益率を確保したままで，どこまで設備を小さくできるか」，これが現在我々のプロジェクトの最大課題であり，また日本のバイオエタノール生産の鍵となると考えている．

この課題克服のために，信濃町プラントを動かすにあたり，我々は以下のような戦略を考えた（信濃町モデル）．

(1) 特別な最新技術を使わず，また地元の人材で動かす．
(2) 地域の諸々のバイオマスを使う．
(3) 95％のエタノールを生産し，農業トラック，農業機械等地域で利用する．
(4) 廃棄物から飼料・堆肥・バイオガス等の有用生産物を生産する．
(5) 原料，生産物を20〜30 km以上動かさない．

バイオマスとしては，現時点では休耕田を利用した稲作を中心に考えている．信濃町地区の水田はその40％が休耕田であり，コーリャン，そば，大豆，とうもろこし等への転作が試みられているが，いずれも切り札とはなりえていない．わが国における水田による稲作は2000年程度続いている持続型農業と考えられる．また水田にはイネという有機資源の生産のほかに，環境の維持，水資源の保護，景観の維持，その他多様な機能がある．さらに水田は特別な土壌構造を持っており，一度その構造を破壊してしまえば，元に戻すには多大の費用と労力を要する．日本の農民は稲作に関して高度の知識・技術を有しているが近年就農者の高齢化が目立っており，知識や技術の踏襲に危険信号が灯っている．我々は，一時的にせよ田において非食用（資料用，化学品用，エネルギー用）の多収量米を生産し続けることが重要と

(1) わが国の最重要農産物
(2) 自給可能
(3) 持続型農業
(4) 休耕田の存在
(5) 水田の環境保全機能

図6.6　資源としてのイネ

考えている．また，地方における雇用の創生という意味でも，バイオマスエネルギー工場のみでは，多くの雇用を生み出すことはできず，農林業そのものでの雇用の創生が必要と考えられる．

　現在我々は，休耕田の一部16アールを借りて，飼料用米（多収量米，夢あおば）を造り，それからのエタノール生産の可能性を検討している．この場合，でん粉質からのアルコール生産のみではエネルギー利益率の確保は不可能であり，稲わらからのアルコール生産，籾殻の燃料利用等，稲の全量利用が必須である．また，このようなシステムの実現のためには，様々な技術的課題を解決しなければならないが，特に効率的なバイオマス糖化用酵素の安価な供給が必須となっている．そのため，信濃町でも稲わらの糖化・エタノール生産を技術開発の中心に据えた実験・実証を続けている．この技術開発は，日本のみならず世界中のバイオエタノール生産を食糧供給と競合させないで行うために必須であり，今後の発展が最も期待される研究開発分野となっている．

　我々のJST科学技術振興調整費による「地産地消型バイオ燃料システム（地燃料システム）」，すなわち信濃町モデルの実証実験は，2009年3月で3年間の実証期間を終える．しかし，このような重要な課題を3年間で完全に解決出来るわけもなく，これまでの知見を元に今後さらに実証実験を続ける予定である．今後の展開としては，特に次の2点を挙げておきたい．

（1）信濃町プラントの糖化・発酵槽の大きさは800 Lであり，実験室レベルからパイロットプラント，実用プラントに移行する際の大型の「実験」施設としては，経験上使いやすい規模となっている．本プラントは，見学のみならず外部者の使用も基本的にオープンにしている．現在日本で，この大きさでここまでオープンになっているバイオエタノールプラントは他にないと思われる．わが国のバイオエタノール生産，特に非可食部バイオマスからの生産のプラットホーム研究施設として，国内の研究者・技術者と協力して実用化に向けた努力，特に技術の標準化や普及に努めたいと考えている．

（2）信濃町モデルは，現在，地域の農産資源（果樹栽培等を含む）を中心に設計されている．しかし，わが国のバイオマスエネルギーのポテンシャルや

雇用の創生を考えると，未利用林産資源を現在のモデルに加えることは，ほぼ必須と考えられる．幸い信濃町には林地も多く存在し，またその有効利用を考え実践する活動も活発である．我々は，将来性ある林地資源として杉を中心に考えている．現在，地域の方々と連携して，今の信濃町モデルを発展させた「農林業地域におけるエネルギー自給率を高めた地産地消型資源循環システム」すなわち「新信濃町モデル」を構築し，その実証を進めることを計画している．

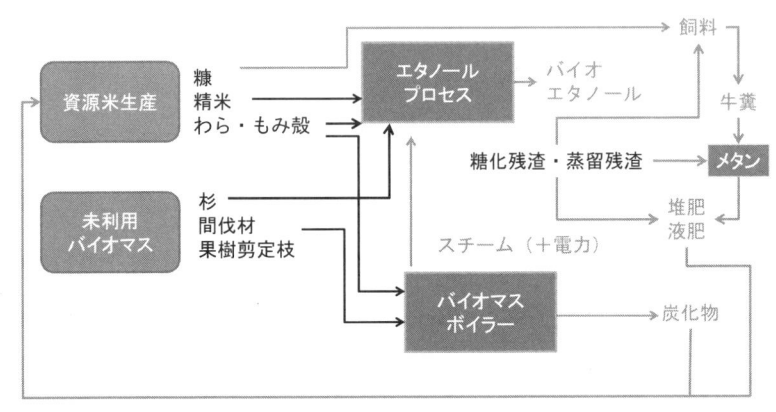

図 6.7　農（林）村型地燃料システム

図 6.8　エタノール車（FFV）による試験走行

私はもともと応用微生物学を専門としており，農業は殆ど素人である．今後とも信濃町地区の農家，林業の皆様をはじめ，多くの方々のご意見に耳を傾けながら，自分の考えをポリッシュアップしていきたいと考えている．

　信濃町プラントは決して最新鋭技術のプラントではない．むしろ意識的にハイテクを避けている部分もある．しかし，その規模，最新鋭でないこと，一応循環型として完結していること，全てを隠さずオープンにしていること等から，見学された皆様から「きわめてわかりやすい施設である」とのお声をいただいている．近辺には，野尻湖，黒姫高原，妙高温泉等の観光施設もある．ご興味があれば，一度ぜひ見学においでいただきい．旧北部高校グラウンドの跡地において，現在おそらく日本でここだけというアルコールのみで動く乗用車（フォード FFV）の試乗が可能である．

参考文献

(1) 五十嵐泰夫，五十嵐春子，バイオエタノール―何が問題なのか，日本で何ができるか，PETROTECH，31，No.7，525-530，石油学会，2008．

(2) 五十嵐泰夫，春田伸，バイオマス資源の有効利用を展望する―いつ，どこで，どのように―，生物工学，85，168-170，日本生物工学会，2007．

(3) 五十嵐泰夫・斉木隆監修，「稲わら等バイオマスからのエタノール生産」，地域資源循環技術センター，2008．

第 7 章
農耕地からの温室効果ガス発生削減の可能性

八木 一行
(独)農業環境技術研究所

1. はじめに

　農業は生態系におけるエネルギーと物質の収支を最大限に利用する人類必須の営みである．そこでは，原始的な焼き畑農業にせよ，化学肥料と農薬を投入し機械化された集約的農業にせよ，自然生態系の様々な循環を改変し，長い時間をかけて維持されてきたエネルギーと物質の平衡状態を別の収支状態へと移している．このことは，文明の基盤となる食料と繊維などの素材の供給を可能とした一方，化学物質の環境への負荷，水循環とエネルギー収支の改変など，現代の人類が直面している様々な問題を引き起こしている．これらの問題のうち，温室効果ガス発生は，我々の文明にとって，今世紀に直面する最も深刻なものになるかもしれず，他の問題とともに，生態系との関わりを改めて見直す必要のあることを我々に呈示している．

　農耕地と農業活動は，生態系が大気と交換している3つの温室効果ガス，すなわち，二酸化炭素 (CO_2)，メタン (CH_4)，および亜酸化窒素 (N_2O：一酸化二窒素) について，全体としては発生源となっており，農業の拡大とともにその発生量は増加してきたものと考えられている．なぜなら，より多くの生産性を求めるために耕作技術や品種の改良が行われ，このことが農業生態系における炭素と窒素の循環を加速してきたからである．その結果，土壌—植物系における物質循環のひとつの出口である大気へのガス発生量を増加させてしまったのである．

2. 地球温暖化と農業からの温室効果ガス発生

地球温暖化に対するそれぞれの温室効果ガスの効果は，大気中の濃度と地表から放射される赤外線の吸収効率から求められるが，最大の影響力を持つCO_2以外の温室効果ガスについても，その効果の大きさが明らかにされている．すなわち，2007年に公表されたIPCC第4次評価報告書（AR4：IPCC, 2007）によれば，2004年について計算された地球温暖化への寄与率は，CO_2が全体の約77％と最大であるが，CH_4とN_2Oもそれぞれ全体の約14％および8％を占めている（図7.1）．

IPCC AR4の見積もりでは，全球における農業生態系からの温室効果ガス発生量は年間5.1～6.1 Gt CO_2-eq（二酸化炭素換算量）で，人為起源の13.5％を占めている（図7.1）．このうち，最大の温室効果ガスであるCO_2については，発生と吸収の収支は全球でほぼバランスがとれていると考えられている．しかし，別に算定されている森林からの温室効果ガス発生にも農地への土地利用変化を原因とするものが含まれていることから，農業の影響は森林分野にも及んでいるといえる．加えて，生態系が関与する2つの温室効果ガ

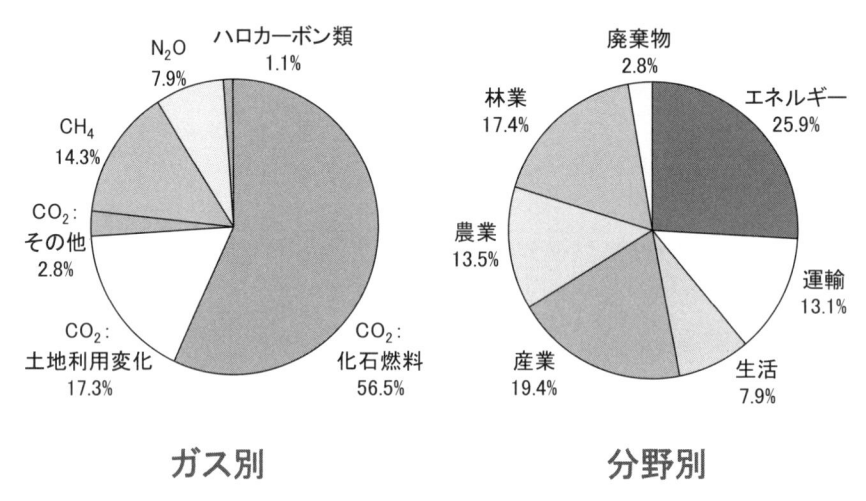

ガス別

- N_2O 7.9%
- ハロカーボン類 1.1%
- CH_4 14.3%
- CO_2：その他 2.8%
- CO_2：土地利用変化 17.3%
- CO_2：化石燃料 56.5%

分野別

- 廃棄物 2.8%
- 林業 17.4%
- エネルギー 25.9%
- 農業 13.5%
- 運輸 13.1%
- 産業 19.4%
- 生活 7.9%

図7.1 2004年における世界の温室効果ガス排出量内訳（IPCC, 2007より作図）．

ス：CH_4 と N_2O について，農業生態系は，それぞれ，人為起源発生量の半分以上を占めており，重要な発生源となっている (IPCC, 2007)．

図 7.2 に，IPCC 第 2 次評価報告書にまとめられた世界の CH_4 と N_2O の発生源とその発生量推定値の内訳を示す (IPCC, 1995)．ここに示す推定値は，その後の研究により新たな発生源の可能性や各発生源の推定値の改訂も提案されているが，IPCC AR4 においても大幅な修正はなされていない．CH_4 については，湿地，シロアリ，海洋等の自然発生源からの発生量は全体の約 30 ％で，残りが人為発生源からのものである．このうち，人為発生源は大きく 2 つに分けられ，天然ガスの採掘・輸送時の漏れ，石炭採掘，石油工業過程，および石炭燃焼といった化石燃料起源のものと，反すう動物の消化活動，水田耕作，バイオマス燃焼，埋立て地，畜産廃棄物，および下水処理といった生物圏起源のものに分けられる．そのなかでも，水田と反すう動物といった農業活動の寄与はきわめて大きい．N_2O については，約半分が海洋，森林，サバンナといった自然発生源から，残りの約半分が農耕地，畜産廃棄物，バイオマス燃焼，その他の産業活動といった人為発生源である．これら人為発生源のそれぞれが，大気 N_2O の濃度増加に関わっていると考えられるが，こ

地球規模でのメタン発生源のうちわけ
年間発生量 = 597 Tg (IPCC, 1995)

地球規模での亜酸化窒素発生源のうちわけ
年間発生量 = 14.7 Tg N (IPCC, 1995)

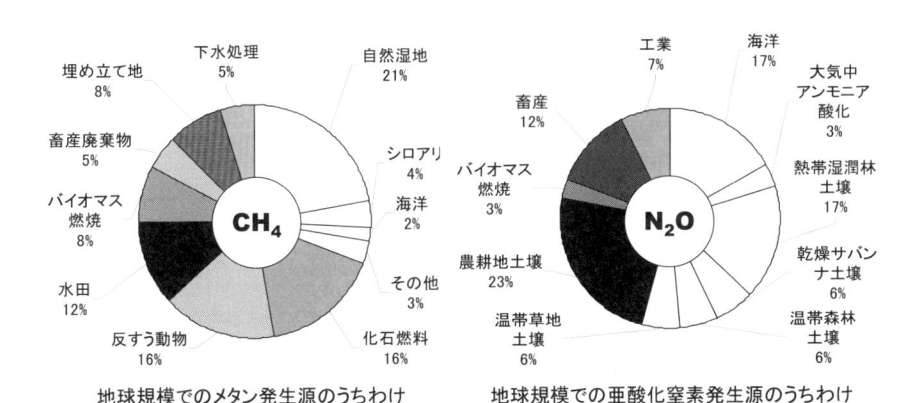

図 7.2 地球規模でのメタン（左）と亜酸化窒素（右）の発生源と発生量の内訳．白抜きは自然発生源を，パターンの入っているものは人為発生源をそれぞれ示す (IPCC, 1995 より作図).

ちらも農業セクターの重要性が示唆される．特に，第二次大戦後以降における世界的な水田耕作面積の拡大，窒素肥料使用量の増加，および家畜飼養頭数の増加等，農業活動の拡大がこれらのガスの大気中濃度増加と地球温暖化に大きく影響して来たことは明らかである．

3．農耕地からの温室効果ガス発生量と制御技術

1）農耕地からの CO_2 発生

農耕地における炭素循環は図7.3に示すように，植物を介した大気 CO_2 と土壌有機物炭素の交換と考えることができる．植物は光合成により大気中の CO_2 を有機物として固定しているが，その一部がリターフォールとして土壌に負荷される．農耕地では，作物残渣と刈り株がこれに相当する．さらに，土壌中では枯死根や根からの分泌有機物がこれに加わる．農耕地では，さらに，堆肥などの有機物資材が加えられる．以上が土壌への炭素の入力量となる．これに対し，出力量としては，大気への直接の CO_2 放出である植物の呼吸と土壌有機物の分解がまず挙げられる．植物の呼吸は地上部の呼吸と根呼吸に分けられるが，根呼吸と土壌有機物の分解による CO_2 放出合量を土壌呼吸量と呼ぶ．土壌有機物の分解は，土壌に生息する様々な微生物や動物の働きによるもので，従属栄養呼吸（heterotrophic respiration）とも呼ばれる．出力量には，さらに，自然発火や野焼きなど燃焼による放出，作物収穫物や伐採木材等の持ち出し，動物による捕食，および浸食や溶脱による土壌有機物の損失も加えられる．

農耕地の CO_2 収支は図7.3に示された入力量と出力量のバランスから決定され，大気 CO_2 の吸収源とも発生源ともなりうる（木村・波多野，2005）．農耕地では，耕起を行うことにより土壌中での微生物による有機物分解を促進するとともに，収穫物として系外へ炭素を持ち出すことが多い．したがって，以前に森林や草地として蓄積され平衡状態にあった土壌有機物は，耕作に伴って減少し，CO_2 として放出される傾向にある．伐採時に植物バイオマスに蓄積された炭素が放出されることに加え，その後の土壌炭素の放出から，森林や草地から農耕地への土地利用変化は大きな炭素発生源となる．実

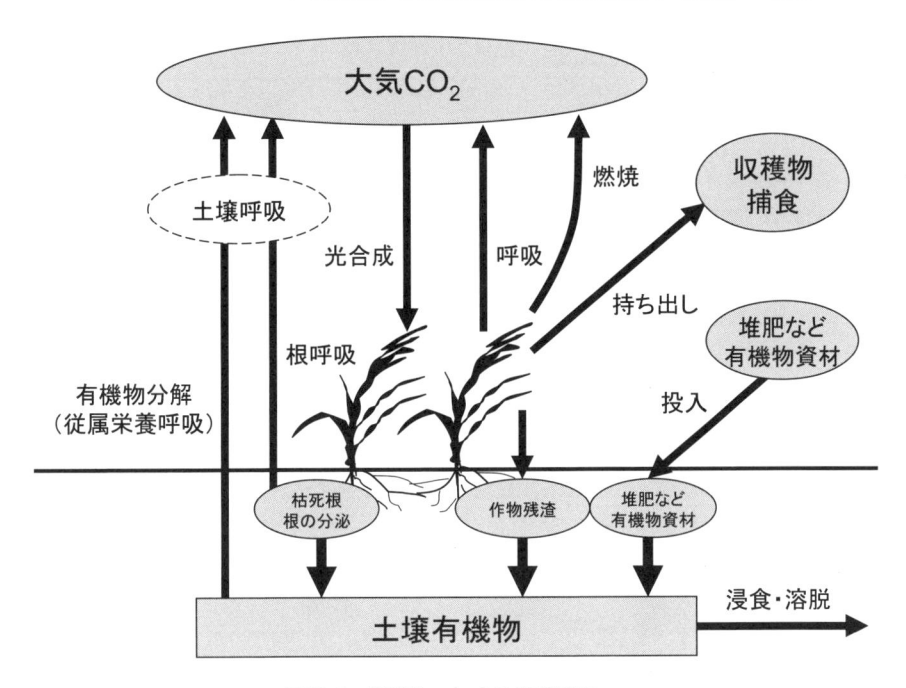

図7.3 農耕地における炭素循環.

際,化石燃料がまだ多量に使用されていなかった19世紀中は,土地利用変化によるCO_2発生量は化石燃料によるものを上回っていた.20世紀以降,その関係は逆転したが,それでもなお土地利用変化によるCO_2発生量は増加を続け,2000年代では,毎年,約15億トン炭素(1.5 Gt C)に達している(グローバルカーボンプロジェクト,2006).

一方,管理を工夫することにより,農耕地土壌に炭素を蓄積する,すなわち,農耕地を大気CO_2の吸収源に変えることが可能である.その方法のひとつは農耕地に作物残渣や堆きゅう肥などの有機物を投入することである.この場合,投入された有機物の炭素の大部分は微生物により分解され,大気へ還っていくが,一部は土壌中での複雑な生化学・化学反応を受け,腐食などの安定な有機物に変換される.その結果,土壌からのCO_2発生量は緩和される.さらに,毎年の投入炭素量が分解炭素量を上回れば,土壌有機物とし

ての蓄積量が増加する．このような有機物管理による土壌炭素貯留効果については，英国のローザムステッド試験場における100年を越える試験に代表される，世界各地の農耕地における長期連用試験において実証されている．わが国においても，農林水産省の事業として，全国各地で100点を超える農業試験研究機関で長期連用試験が行われており，化学肥料のみを連用した場合に比べ，稲わらや堆肥を投入することによる土壌炭素量の増加が示されている（草場，2002；白戸，2005）．

このほか，土壌の炭素蓄積に効果のある農業技術として，不耕起・簡易耕起等，土壌耕起方法の改善，輪作やカバークロップの導入による耕作体系の見直しが有効であることが示されている（Kimble *et al.*, 2007）．不耕起・簡易耕起は土壌の攪乱を少なくすることにより，従属栄養呼吸による有機物分解活性を低下させる．輪作やカバークロップの導入は非耕作期間における土

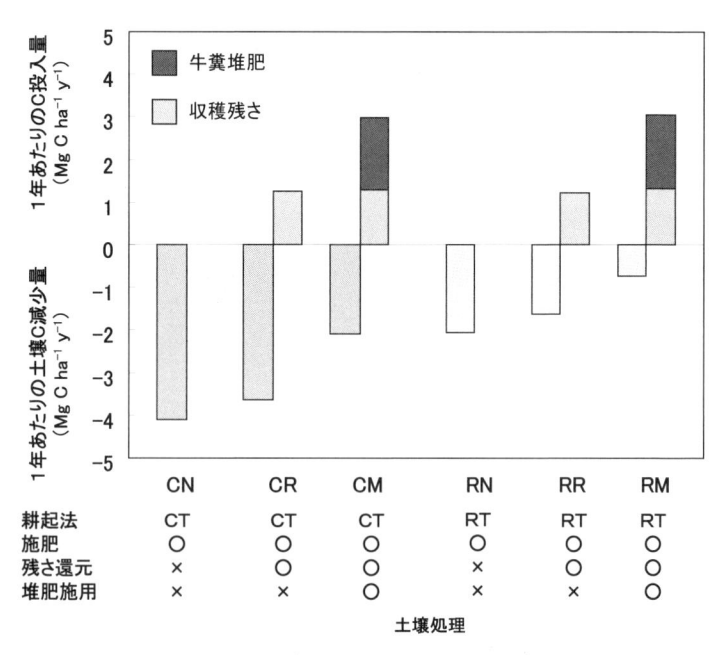

図7.4 十勝畑圃場における各処理区の炭素投入量と土壌炭素減少量（古賀，2007）．
CT：慣行耕起（収穫後に約25 cmの深耕），RT：簡易耕起（春の整地のみ）．

壌炭素の消耗を緩和出来る．北海道十勝地域の畑圃場における計測では，耕起方法と有機物投入量の異なった条件で作物を栽培した場合，図7.4に示すように，いずれの場合も土壌炭素は損失したが，慣行に比べて耕起の強度を弱めた簡易耕起と作物残渣や堆肥による有機物投入量を増加させることでその損失量を少なくできることが実証されている（古賀，2007）．

また，世界的には，森林や湿地から農地への土地利用変化を抑制することや土壌浸食による表層土壌の損失を防ぐことも重要である．IPCC AR4では，このような農耕地土壌の炭素貯留機能には大きな期待が寄せられており，CO_2換算で1トン当たり100米ドルの技術を適用した場合，2030年までに年間3870 Mt CO_2-eqの緩和ポテンシャルがあると推定されている（IPCC，2007）．これは，2004年の人為温室効果ガス排出量の約8％に相当する．

2）水田からのCH_4発生

水田では灌漑水により土壌を湛水することから土壌中の酸化物質が徐々に還元され，嫌気的な環境が発達した後，メタン生成菌と呼ばれる一群の絶対嫌気性古細菌の活動により有機物分解の最終生成物としてCH_4が生成される．CH_4生成は，嫌気条件下での物質代謝の最終ステップであり，メタン生成菌は他の生物が複雑な有機物を分解して排出した低分子化合物からCH_4を生成する（図7.5）．絶対嫌気性細菌であるメタン生成菌の特性から，土壌中でのCH_4生成には，湛水に伴う土壌の還元の発達が必要不可欠な条件となる．水田土壌では，湛水開始後，土壌中の酸化物質が徐々に還元され，酸化還元電位（Eh）が-150 mV程度に低下した後，CH_4生成が開始される．土壌中で生成されたCH_4は，気泡として，田面水中を拡散して，または水稲を通って，のいずれかの経路で大気へと放出される．このうち，量的に最も重要なのは，水稲の通気組織を通って放出される経路である．一方，水田土壌中にはCH_4を酸化分解する別の一群の細菌（メタン酸化菌）が存在し，一部のCH_4はこれにより消費される（八木，2004）．

水田からのCH_4発生にはいくつかの特徴的な変動パターンがみられる．

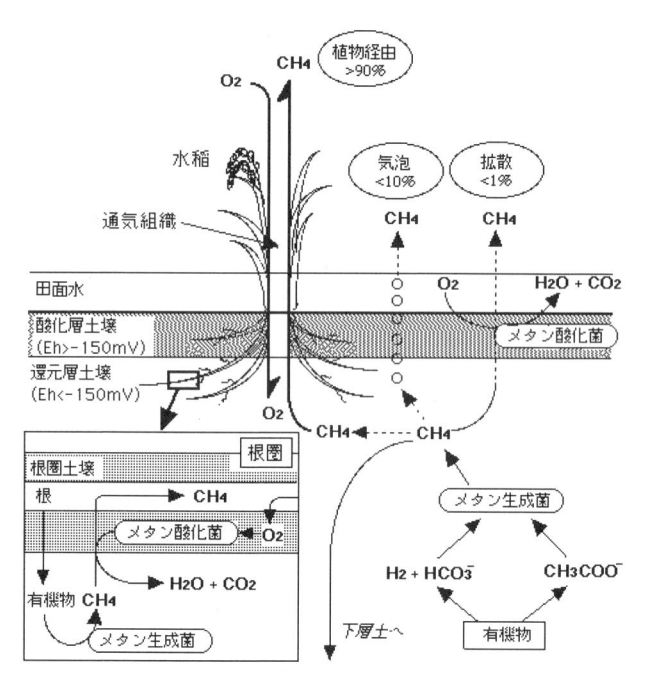

図7.5 水田土壌でのメタン生成・酸化・発生過程

一日のうちでは，フラックスは午後から夕方に高く，早朝に低いといった表層土壌の温度変動に伴う日変動が観察される．また，一日のフラックスの振幅は日毎に異なった大きさとなっている．このような CH_4 フラックスの日変動は表層土壌の温度変動と相関が高く，地温の日変動に伴う土壌中での CH_4 生成速度の変動が，CH_4 フラックスの日変動に直接反映することを示している．一方，水稲栽培期間の各ステージにおいても CH_4 発生は顕著な季節変動を示す．世界の各地で測定された CH_4 フラックスの季節変動パターンはさまざまであり，同一の土壌でも処理や測定年次により異なる．これは，地温以外のいくつかの要因がフラックスの季節変動に大きく関わっていることによると考えられる．そのなかでも，最も重要な要因は，新鮮有機物の分解と土壌の酸化還元電位（Eh）の変動であろう．前作の稲わらや雑草を土壌にすき込むことにより，CH_4 発生量は大きく増加する．図7.6はわが国

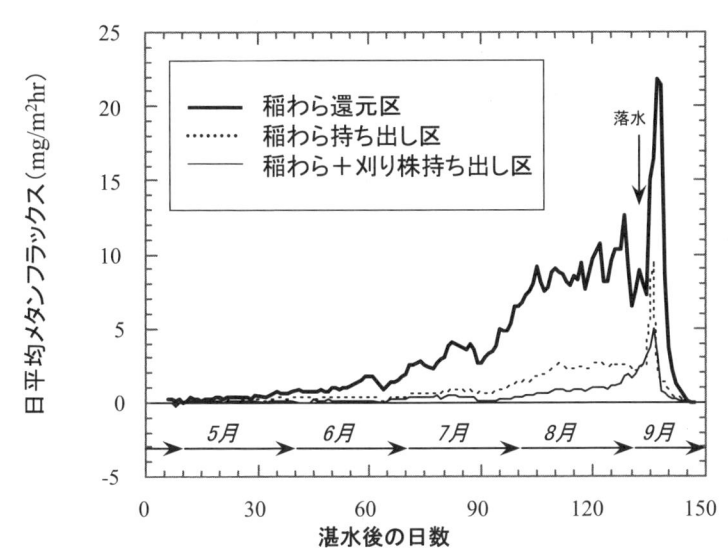

図7.6 水田からのメタンフラックスの変化（稲わらと刈り株の管理を変えた場合の比較）．

の試験水田での計測結果である（Fumoto et al., 2008）．また，水田の湛水に伴う土壌 Ehの低下は，CH_4 生成菌の活動のための必須条件であり，土壌 Eh の変動は土壌中の CH_4 生成量そのものを左右するものである．栽培中期および後期に見られるフラックスのピークは，土壌 Eh が低下し温度が上昇した結果であることが多い．さらに，中干しなどの水管理により CH_4 フラックスの急激な減少が観察される．そのほかに，水稲バイオマスの増大が CH_4 フラックスの増加と相関を示すことが報告されており，有機物の供給や大気への輸送に関する水稲の役割が示唆されている．

1980年代以降，世界の各地で水田からの CH_4 発生の測定が行われ，発生量と気候や処理によるその変動が報告されている．これらの測定結果をまとめると，水稲栽培期間の1時間平均の CH_4 フラックスは多くの場合 $1m^2$ 当たり数 mg〜数十 mg，栽培期間全体の CH_4 発生量は $1m^2$ 当たり 1g〜100gの範囲にあり，測定地点や処理により CH_4 発生量は大きく異なる．特に，有機物を多く施用した場合，大きな CH_4 発生が観察されている．世界各地の水田にお

けるCH$_4$発生量の変動は,温度や降雨などの気候条件,土壌の理化学性,有機物や水管理などの耕作管理方法の違いなど,様々な要因の寄与が明らかにされている(八木,2004).

全球における水田からのCH$_4$発生量は年間20～100 Tgと推定され,人為起源発生量の5～30％程度に相当すると考えられている(IPCC,2007).水田からのCH$_4$発生について,現在では,アジアを中心に世界の100を越える地点での計測結果が報告されている(Yan *et al.*, 2005).これらの結果を取りまとめ,世界各国の温室効果ガス排出量を算定するための基準方法をまとめた2006年IPCCガイドラインにおいて,水田からのCH$_4$発生に関する基準発生量(130 mg m^{-2} day^{-1})と水管理や有機物施用による発生量拡大係数が求められている(IPCC,2006).そのうち,有機物施用に伴うCH$_4$発生量の増加比率を図7.7に示す.有機物施用によるCH$_4$発生量の増加は,有機物の量とともに,種類により異なることが明らかである.

わが国においては,1992～1994年にかけて行われた,農耕地からの温室効果ガス発生に関する全国的なモニタリングデータをもとに発生量評価が行われた(財団法人日本土壌協会,1996).この全国調査の結果は,水稲一作当た

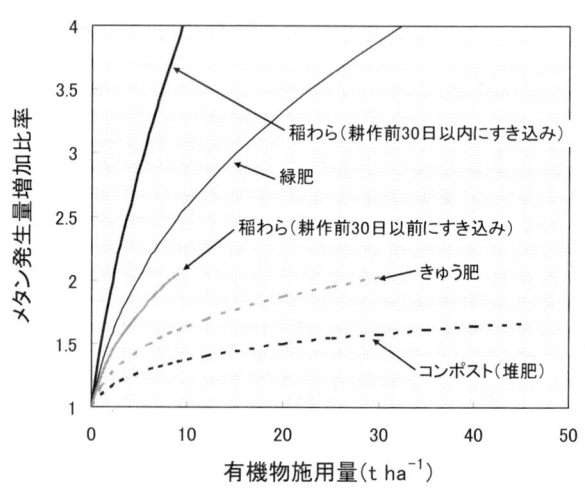

図7.7　各種有機物施用に伴う水田からのメタン発生量の増加(Yan *et al.*, 2005より作図).

りのCH_4フラックスの平均値は，稲わらを秋に土壌還元した処理区で19.0 ± 12.5 g m^{-2}であったことを報告している．さらに，このデータを土壌タイプごとに集計し，有機物無施用や堆肥などの有機物施用実態とそれによる発生量の変化を考慮すると，わが国の水田からの年間CH_4発生量は330 Gg（33万トン）と推定される（八木，2004）．

水田からのCH_4発生抑制方策として，中干しや間断灌漑による水管理，稲わらの堆肥化や非湛水期間での分解を促進する有機物管理，肥料または資材の使用，土壌改良など，候補となる技術が数多く提案され，その多くは効果が実証されている．これらのうち，水管理と有機物管理は早期の実用化が期待出来る技術である．

福島県農業総合センターにおいて行われた試験では，中干し期間を慣行（2週間）より1週間開始を早くして延長することにより，水稲収量に影響を与えず，CH_4発生量を26～51％削減することができた．中干し期間を2週間延長した場合は，CH_4発生量をさらに削減（53～72％）出来たが，水稲収量は約10％程度減少した（図7.8）（齋藤ら，2004）．また，新潟県農業総合研究所における試験から，基盤整備による土壌浸透能改善でもCH_4発生を大幅に削減出来ることが示されている（Shiratori, et al., 2007）．このような中干しや間断潅水を行う水管理方法は，還元障害による水稲の根の活性を防ぎ収量を増加させるためにわが国の水稲耕作では一般的に行われている方法である．福島県と新潟県での試験結果は，わが国の多くの水田で行われているような水管理技術が，水稲の生育を調整するだけでなく，CH_4発生を抑えるためにもきわめて有効であることを示している．

このような水管理技術は他のアジア諸国でも適用出来る可能性がある．わが国と異なり，多くの熱帯アジア諸国では，水田における灌漑排水設備の設置割合は小さく，天水に依存している水田も多い．しかし，ある程度の灌漑排水設備が設置されている水田では水管理技術の適用が期待される．このような水田では，わが国で一般的な中干し・間断潅水の技術は導入されておらず，この技術を適用した場合，大きなCH_4発生削減効果とともに，水稲の生産性を改善出来る余地があると考えられる．このような水管理技術の適用可

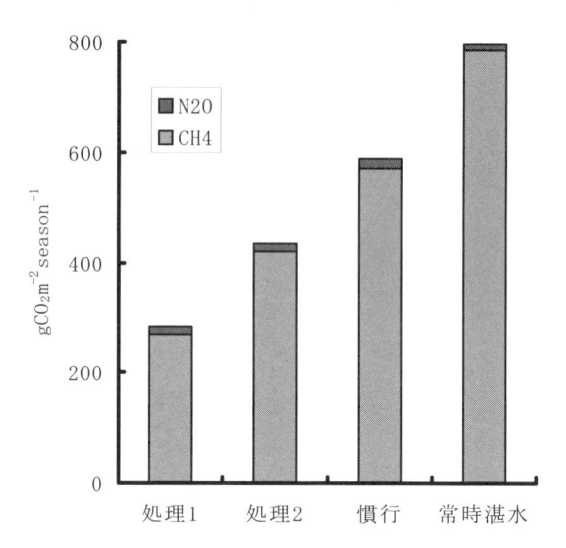

図7.8 中干し期間の違いが水田からのメタンと亜酸化窒素の発生量におよぼす影響(齋藤ら,2004).処理1:中干し4週間;処理2:中干し3週間;慣行:中干し2週間.

能性について,インドネシアにおいて,京都議定書のクリーン開発メカニズム(CDM)導入を前提としたモデル事業の検討が進められている(Muramatsu and Inubushi, 2008).そこでは,水利組合による灌漑ブロックごとに,灌漑水道入部にコンクリート製の小規模ゲート($30 \times 50 \times 15$cm程度)を設置して水管理を行うことが想定されており,財務分析の結果,小規模CDMプロジェクトとしての実行可能性が示されている.

稲わら管理技術については,図7.7に示された有機物施用とCH_4発生量の関係から,CH_4発生を抑える方策が提案出来る.すなわち,まず,現在,稲わらの春すき込みを行っている水田では,秋の収穫後,できるだけ速やかに耕起を行い,稲わらをすき込みことが推奨される.福島県での試験結果は,収穫時に稲わらを全て水田に残しても,土壌にすき込んだり,さらに少量の窒素肥料を施用し分解を促進させるなど水稲収穫後の適切な管理により,水稲地上部を全て持ち出した場合と同レベルまで翌年のCH_4発生量を低下させることが可能であることを実証している(三浦,1995).さらに効果的な

のは，稲わらを一度持ち出し，堆肥化して水田に還元することである．多くの水田での実測結果からも，完熟した堆肥の施用によるCH_4発生量の増大効果は小さいことが示されている．

3）施肥窒素からのN_2O発生

作物生産に必要な化学肥料や有機物として農耕地に施用された窒素は，土壌中で微生物による形態変化を受け，NH_4-NからNO_3-Nへ（硝化），NO_3-NからN_2へ（脱窒）と変換される．N_2Oは土壌中での硝化および脱窒の両方の過程で副生成物として生成され，大気へ放出される．硝化および脱窒は，ともに，主として，それぞれの反応に特異的に関与する微生物により進められる（楊，1994）．同じガス態の窒素酸化物であり，光化学スモッグや酸性雨の原因物質である一酸化窒素（NO）も同様にこれらの過程での副生成物として生成される（鶴田，2000）．これらのガスの生成プロセスは，図7.9で示されるような「穴あきパイプモデル（hole-in-the-pipe model）」により概念的に表すことができる（Firestone and Davidson, 1998）．すなわち，硝化・脱窒のそれぞれの過程で，変換される窒素の一部がパイプの穴から漏れN_2OやNOになるが，パイプの穴の大きさ，すなわちこれらの微量ガスの生成割合は様々な要因によって制御される．

畑地や草地などの農耕地土壌では，窒素施肥に伴った特徴的なN_2O発生パターンを示す（秋山，2005）．図7.10は，茨城県つくば市の淡色黒ボク土圃場にて6月から10月までニンジンを栽培しながら調査を行った結果であるが，

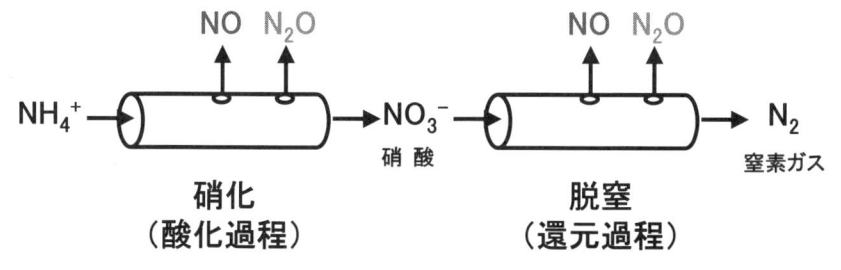

図7.9 微生物（硝化細菌，脱窒細菌）による一酸化窒素（NO）と一酸化二窒素（N_2O）の生成の「穴あきパイプモデル（hole-in-the-pipe model）」[20]

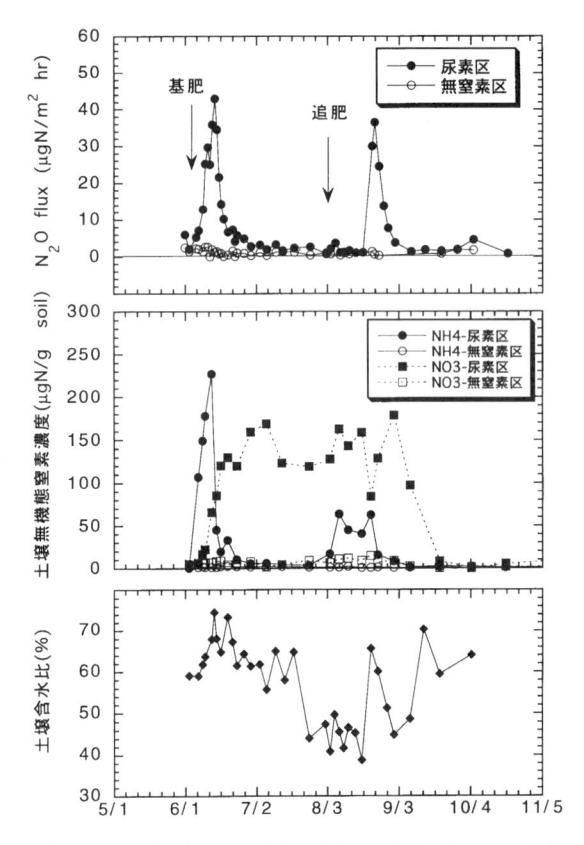

図 7.10　ニンジン畑からの亜酸化窒素発生量，土壌無機態窒素濃度，および土壌含水比の変動（鶴田ら，1995）．

N_2O フラックスは基肥施肥の直後にピークを示している（鶴田ら，1995）．土壌の無機態窒素のデータは，この時期に活発な硝化が進んでいたことを示し，硝化過程による N_2O の生成と発生を示唆している．一方，8月はじめの追肥後，N_2O フラックスはごくわずかしか増加していない．この時期は降雨がほとんどなく，土壌がきわめて乾燥した状態にあったことが N_2O 発生を抑制したと考えられる．しかし，8月中旬の降雨により土壌水分含量が高まると栽培初期と同程度の大きな N_2O フラックスピークが現れているが，ここでも活発な硝化が進んでいたことが示唆されている．ここで示されるように，

畑地からのN_2O発生には窒素施肥に伴う土壌中の無機態窒素濃度の増加とそれらの変換速度が決定的な制御要因となっている．これに加えて，土壌の水分や温度による反応の制御もきわめて重要な要因である．一方，土壌や気候条件によっては，脱窒過程からのN_2O発生が重要である場合がある．この場合には，施肥による対応ではなく，土壌中の硝酸態窒素の蓄積と降雨や雪解けなど土壌水分量の変化に伴って脱窒活性が高まり，その結果，N_2Oピークの現れる場合が多い．水田における湛水期間中のN_2O発生は無視出来る程度のものであるが，収穫前の落水処理後とその後の非湛水期間にはある程度のN_2O発生が見られる[11]．

農耕地土壌から直接大気へ発生する以外に，施肥窒素由来のN_2O発生プロセスとして，農業地帯の地下水や河川水からの脱ガスによるN_2Oの間接発生が指摘されている（鶴田，2000）．このプロセスにおけるN_2Oの生成過程や発生量については，十分明らかにはされていないが，その地球規模の発生量は土壌からの直接発生量に匹敵する可能性が指摘され，重要な未解明の発生源とされている．

農耕地からのN_2O発生量は，一般に，施用した窒素量に伴って増加するので，施用窒素量に対するN_2O-N発生量の割合である排出係数が発生量の見積もりに用いられる．2006年IPCCガイドライン（IPCC，2006）では，標準的な排出係数（デフォルト値）として，1.0％が提案されている．しかし，わが国における観測データからは，多くの場合，発生係数はこの値より低いが，茶園土壌等の一部の例ではきわめて高い発生が見られることが報告されている．これらをまとめて，わが国独自の排出係数がそれぞれのN_2O発生プロセスについて求められている（表7.1）（Akiyama et al., 2006）．これらの研究結果から，わが国農耕地からは窒素換算で年間4,420トンのN_2O発生が見積もられている．

農耕地土壌から発生するN_2Oを制御するためには，まず，施肥窒素量を削減するなど，土壌中のアンモニウム態および硝酸態窒素プールをできるだけ小さくし，硝化や脱窒により変換される無機態窒素量を少なくすることが考えられる．しかし，このことは同時に，作物が吸収出来る窒素量を制限する

表7.1 わが国の農耕地土壌からの亜酸化窒素排出係数.

排出源区分＊	作物種	排出係数 (kg N_2O-Nkg N^{-1})	不確実性 (kg N_2O-Nkg N^{-1})	出典・根拠
合成肥料およ び有機質肥料	水稲	0.31%	±0.31%	文献1, 2
	茶	2.90%	±1.8%	
	その他の作物	0.62%	±0.48%	
作物残渣		1.25%	0.25%-6%	IPCCデフォルト値
間接排出（大気沈降）		1.00%	±0.5%	IPCCデフォルト値
間接排出（溶脱・流出）		1.24%	0.6%-2.5%	文献1, 3

＊有機質土壌の耕起については，IPCCデフォルト値（排出係数：8kg N_2O-N ha^{-1} yr^{-1}；不確実性：1-80kg N_2O-N ha^{-1} yr^{-1}）の使用を提案した．
文献1：Akiyama, H., Yan, X., and Yagi, K.：Soil Sci. Plant Nutr., 52, 774 (2006)
文献2：Akiyama, H., Yagi, K., and Yan, X.: Global Biogeochem Cycles., 18, GB2012 (2005)
文献3：Sawamoto, T., Nakajima, Y., Kasuya, M., Tsuruta, H., and Yagi, K.: Geophys. Res. Let., 32, L03403 (2005)

ことになる．したがって，より現実的には，作物による無機態窒素吸収効率を高め，無駄に環境中へ放出される窒素の流れを制御することである．このことは，N_2OやNOなどのガス発生だけでなく，施肥窒素由来の別の重要な環境問題である地下水の硝酸汚染軽減にもつながるものである．

作物による施肥窒素の吸収効率を高め，環境への窒素のロスを少なくするためには，作物が必要なときに必要なだけ窒素を施用する必要がある．そのための技術としては，最適な窒素施肥量と分施・局所施肥，適切な有機物施用など施用方法の改善設計が基礎となる．また，一般に，窒素肥料投入量の増加に対して，作物収量はあるところまでは直線的に増加するが，一定量以上では頭打ちになる一方，環境負荷はどこまでも増加を続ける．作物の収量や品質と窒素肥料の投入量との関係を作物や土壌タイプごとに検討し，土壌の環境容量を超えず，かつ高い収量が維持されるような食糧生産と環境保全とを調和させるための適正な窒素肥料投入量を示し，広く普及させる努力も必要であろう．さらに，土壌微生物による土壌中無機態窒素の固定化を促進するために，有機物施用を促進することも効果的であろう．

別の方策として，肥料の種類を選択することによるN_2O発生の制御も可能であろう．N_2O発生率は窒素肥料の形態により異なるが，N_2O発生率の高い

無水アンモニアの使用や硝酸態窒素を水分含量の高い土壌に施用することを避け，発生率の低い形態の肥料を使用することが勧められる．緩効性肥料や硝化抑制剤・ウレアーゼ阻害剤など新しいタイプの肥料の使用が N_2O 発生抑制に効果のあることが報告されている（秋山，2005）．様々な被覆型，あるいは化学結合型緩効性肥料は無機態窒素の土壌中への放出を制御し，作物による窒素吸収効率を高めるものである．その結果，窒素のロスを減少させ N_2O 発生や硝酸の溶脱を軽減することが期待される．これらの技術を用いて，土壌の環境容量を超えずに高い収量を維持するための窒素施肥体系を地域ごとに示し，広く普及させる努力が，食糧生産と環境保全の調和のために必要である．

4．農耕地からの温室効果ガス発生量削減の可能性

以上示すように，農業生態系では様々な発生源から，CO_2，CH_4，N_2O の 3 つの重要な温室効果ガスが発生している．それらの地域的，あるいは全球的発生量について，農業生態系の多様性に起因する定量評価の不確実性を改善する余地はあるものの，地球温暖化に対する影響の大きいことは明らかである．さらに，農耕地からの発生抑制技術の候補は多数提案され，水管理（水田），有機物管理，施肥管理など，多くの技術について，現地試験等から大きな削減効果が確認されている．表7.2に，わが国で研究の進んでいる削減策のポテンシャルについて示すが，アジア地域での削減が進んだ場合には大きなポテンシャルが見込まれる．同時に，コスト的にも有利なものが多い．また，表7.3に水管理による水田からの CH_4 削減（日本とインドネシア）と硝化抑制剤入り資材による化学肥料からの N_2O 削減（中国）に関するケーススタディの結果を示すが，いずれの場合も炭素1トン当たり数千円以下のコストと評価されている（八木ら，2008）．

しかし，これらの技術が温室効果ガス排出削減のために実際の農業の場面で適用された事例は，現時点ではきわめて少ない．京都議定書において，農耕地を炭素吸収源として選択した国はカナダ等4か国のみである．また，CH_4 と N_2O の削減については，計画している国はあるものの，実際の適用例

表7.2 農業セクターにおける温室効果ガス発生削減策評価

対象ソース	水田からのCH$_4$		畑・草地からのN$_2$O	
削減技術	有機物管理	水管理	硝化抑制剤等	被覆肥料と残渣管理
対象面積等	アジアの水田	アジアの灌漑水田	アジアの化学肥料	わが国のキャベツ,ハクサイ等
削減率	30〜50%	35〜45%	30%	24%
削減ポテンシャル (Mt C/yr)	日 本：0.25 アジア：12.8[*1]	日 本：0.67 アジア：27.3	日 本：0.02[*2] アジア：16	日 本：0.0006 アジア：-
リーケージ	作業機械からのCO$_2$排出等	N$_2$O発生 世界：2.7	無	無
コスト	中〜大 (管理コスト)	少〜中 (インフラ整備)	少〜大 (肥料コスト)	大 (作業コスト)

[*1]：水田の10%に適用した場合
[*2]：草地のみ

表7.3 農業セクターにおける温室効果ガス発生削減策評価：農耕地での技術に関するケーススタディ

対象ソース	水田からのCH$_4$			畑・草地からのN$_2$O	
	有機物管理	水管理		緩効性肥料	
削減技術	稲わらの春すき込みを堆肥に代替	中干し期間の1週間延長等	コンクリート水門設置による中干し	硝化抑制剤資材の添加	被覆肥料の深層施肥
対象面積	山形県の水田	日本全国の慣行水管理水田	インドネシアの対象水田	中国遼寧省トウモロコシ畑	わが国のキャベツ等栽培
	57,360ha	1,730,000ha	13,000ha	1,900,000ha	65,000ha
削減率	30〜50%	39%	40%	40%	24%
削減ポテンシャル (10^3 t C/yr)	94	630	14	800	0.55
リーケージ (10^3 t C/yr)	0	60	1	0	ND
コスト (円/t C)	67,000 稲わら回収と堆肥使用価格 (110,000円/ha)	0 灌漑水代金は年間契約のため増減無し.労働力の増加も無し	66 コンクリート水門設置費用 (6,200円/30 ha),および水管理の労働力 (1,600円/30 ha/yr)	3,000 資材代金 (390円/ha) 必要だが,追肥を省けることにより,労働力 (300円/ha) 節約	5,900 肥料コスト (48,000円/ha),燃料コスト (3,580円/ha),労働コスト (-1,120円/ha

はまだ無いと思われる．

　農耕地からの温室効果ガス発生量削減技術が，未だ，実用化段階に移されていない原因のひとつには，発生削減に伴う経済性評価が不足していることが挙げられる．多くが家族経営である農業では，コストと労力を考慮に入れ，トータルの収益と労働性が改善される技術でなければ普及の見込みはきわめて小さい．そのために，個々の技術について，各地域で経済性評価を細かに行い，農家が受け入れられる可能性を提示することが必要である．加えて，そのような技術を推進するための政策的支援が必要になる．

　また，農耕地そのものに対する発生削減技術の評価は行われているものの，農業生態系や地域全体での評価が十分ではないことも今後の課題である．この問題に対し，技術のための新たなエネルギー投入や資材または飼料の生産と使用などを含めた，システム全体の収支を取り扱うライフサイクルアセスメント（LCA）手法の導入が求められている．例えば，畜産廃棄物もCH_4とN_2Oのきわめて大きな発生源であり，その処理と利用の様々な場面で温室効果ガス発生の可能性があるが，これを農地に還元した場合には土壌有機物量を増加し，炭素固定の働きがある．さらに，家畜飼料栽培に起因する温室効果ガスの発生・吸収量も考慮する必要がある．したがって，地域全体の農業生産に関わる温室効果ガス発生量評価には，このような畜産農家と耕種農家の連携を包括的に評価し，最も温室効果ガス発生の少なく，かつ他の環境負荷を増加させず，生産性や農家の経済性も満たすような最適な解を求める必要がある．近年，生産が進んでいるバイオ燃料についても，その化石燃料削減効果と燃料作物栽培に伴う温室効果ガス発生増加の可能性を合わせて評価すべきである．

　もうひとつの問題は，先進国での農業分野からの温室効果ガス排出割合は比較的低く，その削減ポテンシャルの多くは発展途上国にあることである．わが国の温室効果ガス排出インベントリーに占める農業分野の割合は2％にすぎない．一方，同じ水田耕作を基礎とする農業体系を持つ熱帯アジアでは，インドで28％，タイで35％など，農業分野の占める割合がきわめて大きい．特に広大な農耕地を持ち，家畜頭数の多大な国では，農業技術の適用に

よる排出削減策は大きな貢献が可能である．このような国においては，その適用について，持続的開発政策と一致させることにより，削減の可能性をいっそう前進させると予測される．京都議定書において設定されているクリーン開発メカニズム（CDM）は，新たな開発援助のツールとして活用出来る可能性がある．

IPCC AR4 には，農業分野における温室効果ガス排出削減策は，エネルギー，運輸，森林など非農業分野のものとコスト的に競合出来ることを明示している（IPCC, 2007）．また，その利点として，長期間の効果が期待でき，全体として大きな貢献が可能であることが挙げられている．同時に，農業分野における温室効果ガス排出削減策には世界共通のものはなく，それぞれの方法を個々の農業システムや状況において検討する必要があることも指摘されている．今後，地球温暖化緩和に貢献するため，各地域の各農業システムにおいて，適切な排出削減策を構築することが求められる．

このように，農業分野に対する温室効果ガス排出削減の期待は大きいといえる．一方で，研究と技術の開発，実際の農業の現場への適用と普及に関する課題は多く残されている．しかし，農業分野における新たな技術開発は，有望な温室効果ガス排出削減策であると同時に，今後の農業のかたちとして求められているわが国や他の先進国における環境保全型農業，あるいは発展途上国における農業と生態系の持続的開発の方向とも一致する．地球温暖化問題への対策を迫られている現在こそ，適切な土地利用を可能にする国際交渉の推進や，環境と調和した将来のあるべき農業の姿を構築するための大きなチャンスが訪れたのかもしれない．

引用文献

秋山博子 2005．黒ボク土畑からの N_2O，NO および NO_2 のフラックスのモニタリングと発生削減．波多野隆介・犬伏和之 編，続・環境負荷を予測する，博友社，187-204．

Akiyama, H., X. Yan and K. Yagi 2006. Estimations of emission factors for fertilizer-induced direct N_2O emissions from agricultural soils in Japan: summary of

available data. Soil Sci. Plant Nutr., 52, 774-787.
Firestone, M. K. and E. A. Davidson 1998. In Exchange of trace gases between terrestrial ecosystem and the atmosphere, John Wiley & Sons Ltd., 7-21.
Fumoto, T., K. Kobayashi, C. Li, K. Yagi and T. Hasegawa 2008. Revising a process-based biogeochemistry model DNDC to simulate methane emission from rice paddy fields under various residue managements. Global Change Biol., 14, 382-402.
グローバルカーボンプロジェクト 2006. 科学的枠組みと研究実施計画, GCPつくば国際オフィス監訳.
IPCC 1995. IPCC Second Assessment Report: Climate Change 1995, Cambridge University Press.
IPCC 2006. IPCC Guidelines for National Greenhouse Gas Inventories, http://www.ipcc-nggip.iges.or.jp/public/2006gl/index.html.
IPCC 2007. IPCC Fourth Assessment Report: Climate Change 2007, Cambridge University Press, http://www.ipcc.ch/ipccreports/assessments-reports.htm.
Kimble, J. M., C. W. Rice, D. Reed, S. Mooney, R. F. Follett and R. Lal 2007. Soil carbon management, CRC Press, Boca Raton, pp. 268.
木村眞人・波多野隆介（編）2005. 土壌圏と地球温暖化, 名古屋大学出版会.
古賀伸久 2007. 農地管理法の違いと土壌炭素, 土壌の物理性, 105, 5-14.
草場敬 2002. 有機物施用を中心とした土壌管理による土壌への炭素蓄積, 平成13年度温室効果ガス排出削減定量化法調査報告書, （財）農業技術協会, 東京, 62-69.
三浦吉則 1995. 水田からのメタンの発生を抑える有機物管理技術, 石灰窒素だより, 130, 19-23.
Muramatsu, Y. and K. Inubushi 2008. Resource management options and design of carbon projects for mitigation of methane emission from paddy field in Indonesia, 開発学研究 (J. Agric. Dev. Stud.), 印刷中.
齋藤 隆・中山秀貴・横井直人 2004. 中干し期間の長期落水処理によるメタン発生の低減, 東北農業研究成果情報, 300-301.
白戸康人 2005. 農耕地における土壌有機物動態のモデリング, 波多野隆介・犬伏和之

編「続・環境負荷を予測する」, 博友社, 243-262.

Shiratori, Y., H. Watanabe, Y. Furukawa, H. Tsuruta, and K. Inubushi 2007. Effectiveness of a subsurface drainage system in poorly-drained paddy fields on reduction of methane emission, Soil Sci. Plant Nutr., 53, 387-400.

鶴田治雄・八木一行・広瀬竜郎・荒谷　博　1995．尿素と緩効性窒素肥料を施用した畑土壌における NO と N_2O のフラックス測定, 農業環境技術研究所資源・生態管理科研究集録, 11, 49-58.

鶴田治雄　2000．地球温暖化ガスの土壌生態系との関わり, 3. 人間活動による窒素化合物の排出と亜酸化窒素の発生, 土肥誌, 71, 554-564.

八木一行　2004．大気メタンの動態と水田からのメタン発生, 農業環境研究叢書第15号　農業生態系における炭素と窒素の循環」, 農業環境技術研究所, 23-50.

八木一行ら　2008．平成19年度環境省地球環境研究総合推進費課題 S-2 テーマ 3a 報告書．

Yan, X., K. Yagi, H. Akiyama, and H. Akimoto 2005. Statistical analysis of the major variables controlling methane emission from rice fields. Global Change Biol., 11, 1131-1141.

楊　宗興　1994．亜酸化窒素, 陽捷行編著, 土壌圏と大気圏, 朝倉書店, 85-105.

財団法人日本土壌協会　1996．土壌生成温室効果等ガス動態調査報告書（概要編）．

第8章
わが国での反すう家畜の消化管内発酵に由来するメタンについて

永 西　修
（独）農業・食品産業技術総合研究機構 畜産草地研究所

1. はじめに

　IPCCの第4次報告書（2007）によると，今世紀末の地球の年平均気温は20世紀末よりも最大で6.4℃上昇し，人為的原因による気候変動の進行が確実に進みつつあることを指摘している．また，気候変動枠組条約の第1約束期間（2008〜2012年）に対して，政府の温暖化対策推進大綱（平成14年）や21世紀環境立国戦略（平成19年）などの気候変動研究に対する取組みが強化されている．

　畜産経営内から排出される温室効果ガス（GHG）としては，家畜の消化管内発酵で生じるメタン，糞尿の管理過程で生じるメタンと亜酸化窒素である．わが国の農業分野から排出されるメタンは二酸化炭素換算で1535.1万トンであり，家畜（牛，めん羊，山羊など）の消化管内発酵が約46％（703.5万トン），糞尿排泄物管理が約16％（153.5万トン）を占める（図8.1）．また，農業分野から排出される亜酸化窒素は二酸化炭素換算で1201.7万トンで，糞尿の取り扱いが39.4％（473.3万トン）を占める（図8.1）．一方，日本のGHG総排出量に占める畜産業由来のGHGの割合は二酸化炭素換算で約1％である（独立行政法人国立環境研究所地球環境研究センター温室効果ガスインベントリオフィス 2008）．このように，日本の総GHG排出量に占める畜産業由来GHGの排出割合は小さいが，農業分野で排出されるメタンや亜酸化窒素の畜産業に由来する割合は高く主要な発生源となっている．そのため，畜

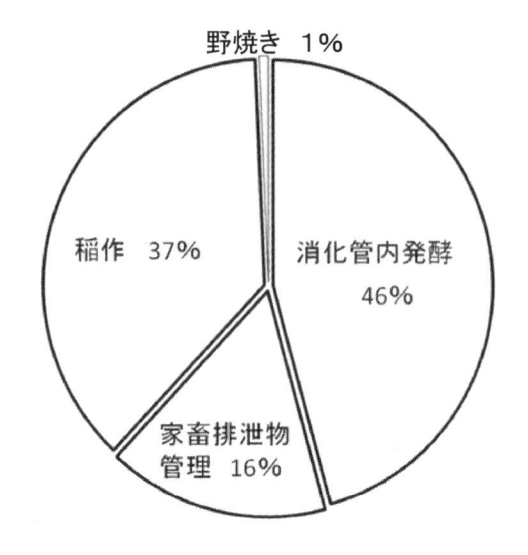

野焼き 1%
稲作 37%
消化管内発酵 46%
家畜排泄物管理 16%

日本国温室効果ガスインベントリ報告書2008年：
国立環境研究所温室効果ガスインベントリオフィス編より作成

図8.1 わが国での農業分野でのメタン排出量の内訳

産業からのGHG排出量の精緻化を図るとともに，その抑制技術の開発が重要な課題となっている．

2．反すう家畜からのメタン産生

反すう家畜の胃は複胃で，第一胃，第二胃，第三胃および第四胃に分かれる．第一胃と第二胃を併せて反すう胃と呼び，成牛の第一胃内の容積は100〜150 Lと大きく，複胃全体の約80％を占めることが知られている．第一胃の中には細菌，古細菌，原生動物，真菌などの多数の嫌気的微生物が生息し，生息密度は内容物1 g当たり，細菌が10^{10-11}，原生動物が10^{5-6}，真菌が10^{4-5}の範囲にある．これらの微生物は摂取した飼料の蛋白質，デンプン，セルロース，ヘミセルロースなどの高分子化合物を加水分解し，アミノ酸や糖に変換する．さらに発酵が進むと揮発性脂肪酸（VFA），水素，二酸化炭素が生じ，主要なVFAである酢酸，プロピオン酸，酪酸は吸収されて家畜のエネ

ギー源として利用される（板橋 2006）．

メタンは（*Methanobrevibacter ruminantium*, *Methanomicrobium mobile*, *Methanobacterium formicium*など）のメタン細菌によって，主に水素，二酸化炭素から生成され，ギ酸，酢酸，メタノール，メチルアミンなども基質として用いられる．図8.2に示したように，嫌気発酵では多量の水素が産生するが，第一胃内に水素が蓄積すると水素の生成に関与するハイドロゲナーゼ反応が抑制され，その結果として微生物の活性の低下や増殖が阻害されることが知られている．そのため，メタンは炭水化物の最終代謝産物の一つとして，あい気として呼気とともに体外に排出され，第一胃内での水素の除去に重要な役割を有している．

反すう家畜に摂取された飼料のエネルギーの流れを図8.3に示した．摂取エネルギーの一部は糞中に排泄され，さらに尿中やメタンとしてエネルギーが失われる．摂取エネルギーから糞，尿，メタンとして失われるエネルギーを引いたものが代謝エネルギーであり，家畜の維持，生産，妊娠などのエネ

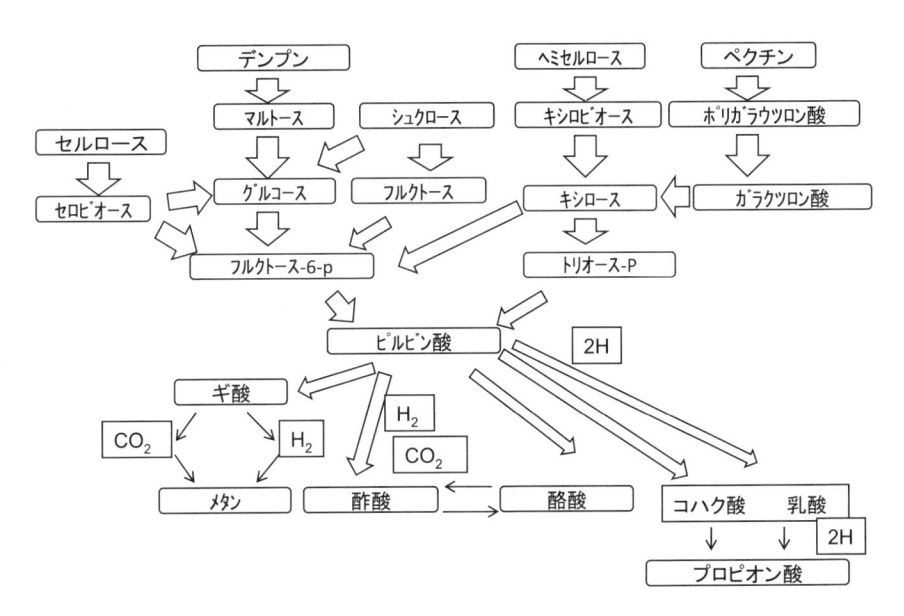

図8.2　第一胃内での炭水化物の代謝経路（Leng 1970）より作成

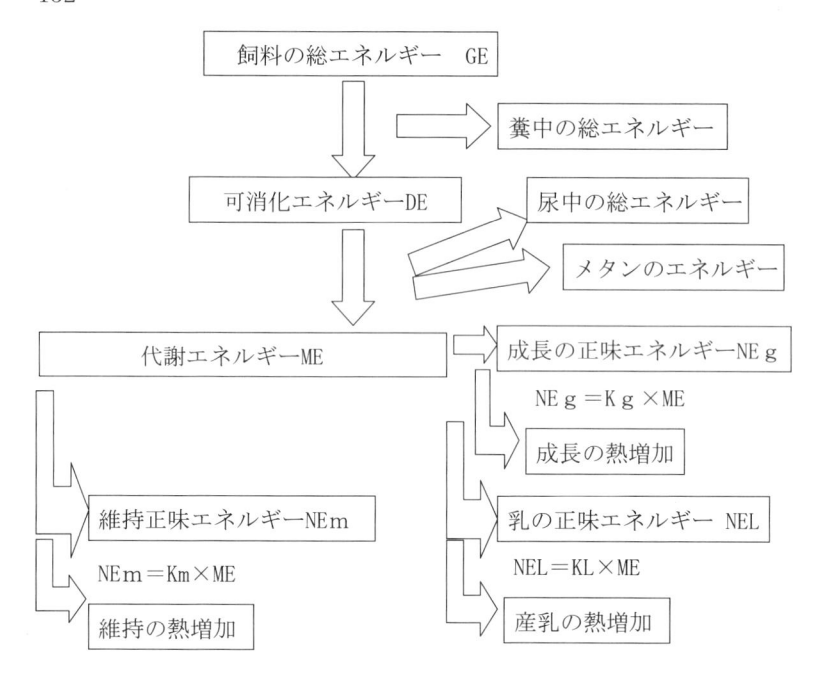

```
             飼料の総エネルギー GE
                    │  ↘
                    │    糞中の総エネルギー
                    ↓
             可消化エネルギーDE → 尿中の総エネルギー
                    │        ↘
                    │          メタンのエネルギー
                    ↓
             代謝エネルギーME → 成長の正味エネルギーNEg
                    │              NEg＝Kg×ME
                    │              成長の熱増加
                    │
             維持正味エネルギーNEm      乳の正味エネルギー NEL
             NEm＝Km×ME               NEL＝KL×ME
             維持の熱増加              産乳の熱増加
```

図8.3　反すう家畜でのエネルギー代謝

ルギーとして用いられる．そのため，メタンとして失われるエネルギー量を低減することは，家畜の生産に関与する代謝エネルギー量を増大する可能性があることから，家畜の生産性向上の点でも有効であると考えられる．通常，メタンとして失われるエネルギーの割合は，摂取エネルギーのおよそ5～8％とされているが，家畜の種類，給与飼料の量や種類，飼養環境によって変動し（関根ら 1995），飼料摂取量の減少や濃厚飼料割合が高まることで，摂取飼料当たりのメタンは減少するが，粗飼料比率が20％以下の極端な濃厚飼料多給条件下では肥育牛からのメタンは急激に減少することが知られている（寺田ら 1997）．

3．反すう家畜からのメタン産生量の測定法

（1）（開放式）家畜呼吸試験装置

反すう家畜のメタン産生量の測定は，家畜呼吸試験装置，SF_6（六フッ化イ

オウ）トレーサー法，インビトロガス培養法などがある．一般に反すう家畜からのメタンの測定は家畜呼吸試験装置で行う（図8.4）．（独）農業・食品産業技術総合研究機構畜産草地研究所に設置されている家畜呼吸試験装置の構成を図8.5に示した．呼吸試験装置はチャンバー，温湿度調整装置，通気量制御装置，チャンバー内圧力制御装置，ガス分析装置などから構成される．一定温湿度に制御されたチャンバー内に十分馴致された牛を収容し，牛の呼気と吸気の酸素，二酸化炭素，メタン濃度をガス分析装置で分析し，通気量，温湿度，気圧などの測定値を用いてコンピュータ解析システムにより，牛が消費する酸素と産生する二酸化炭素およびメタンを求めることが可能である．また，家畜代謝試験装置は，間接的に熱発生量を測定する装置で，乳牛のエネルギー要求量や飼料のエネルギー価を測定するためにも用いられている．

（2）六フッ化イオウ（SF_6）トレーサー法

ガストレーサー法として最も用いられている方法がSF_6法で，その詳細はJohnson *et al.*, (1994)に記載されている．具体的には，牛に内部を陰圧にしたガス捕集用のキャニスターを装着し，ガス収集用チューブを牛の口と鼻の

図8.4　家畜呼吸試験装置（左：牛用，右：山羊，めん羊用：畜産草地研究所）

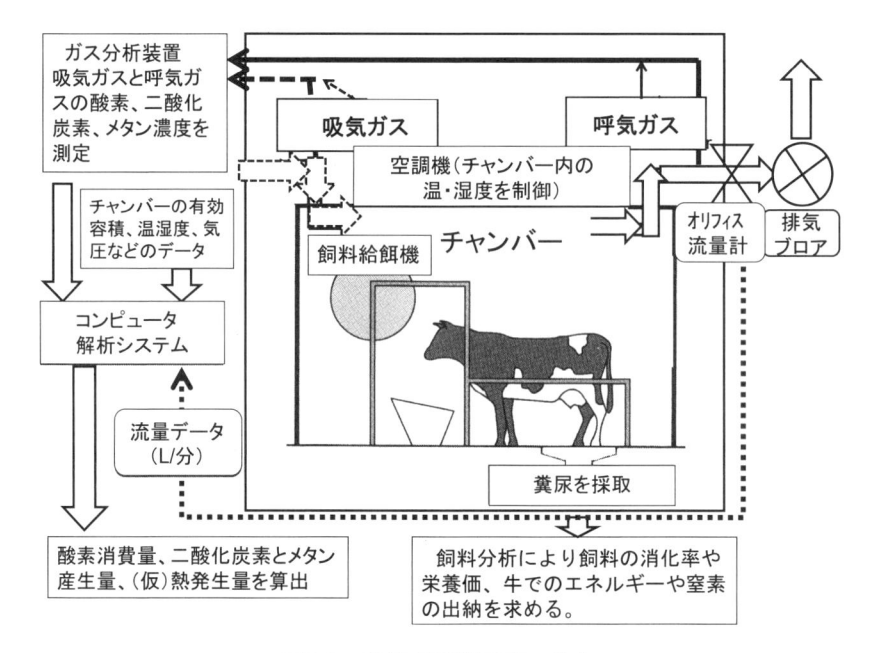

図8.5 家畜呼吸試験装置の構成

周辺に固定する．一方，牛の第一胃内にSF_6ガスを定量的に放出する透過膜を到着したカプセルを投入し，呼気中に含まれるSF_6とメタンの濃度を測定することによって，以下の式によりメタン産生量を算出する方法である（図8.6）．なお，SF_6ガス濃度は^{63}Ni電子捕獲型検出器（ECD）を装着したガスクロマトグラフで測定する．

$$CH_4 発生量（g／日）= SF_6 放出速度（g／日） \times [CH_4 (\mu g／m^3)／SF_6 (\mu g／m^3)]$$

SF_6法は屋外での測定を可能とすることから，放牧家畜のメタン産生量の測定に用いられている．なお，SF_6はガスの取り扱いや分析のための技術の修得が必要であること，屋外での測定では風向きが測定精度に影響するため，強い向かい風は避けるなど風向きに留意する必要がある．

SF_6以外のガストレーサー法として第一胃内発酵や代謝に影響をおよぼさないエチレン（C_2H_4）を用いた測定法が提案されている．これはエチレンを

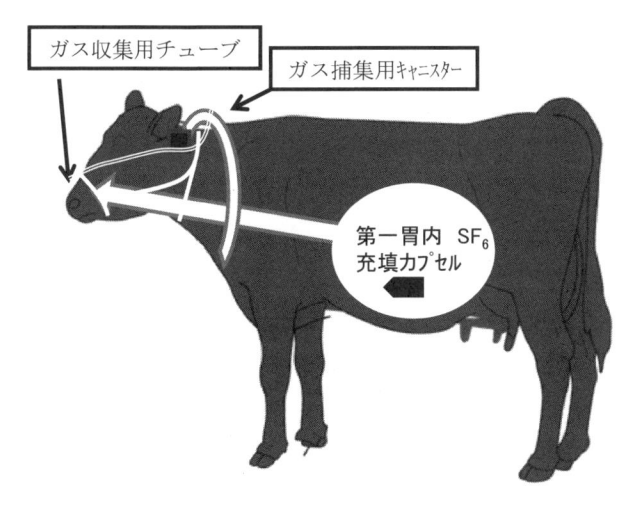

図8.6 牛でのSF$_6$法の概略図

第一胃内に連続的に注入し，同時に第一胃内ガス（エチレン，メタン，水素，二酸化炭素，硫化水素，酸素）濃度を測定し，これらのガスの動態や産生量を解析する方法である（Moate *et al.*, 1997，Mbanzamihigo *et al.*, 2002）．

（3）インビトロガス培養法

　家畜呼吸試験装置やSF$_6$法は実際に家畜を用いてメタン産生量を測定するために，実測値は得られるものの，特殊な施設や家畜を飼養するための設備などが必要となる．そのため，実測値は得られないものの，特殊な装置を必要とせず，比較的簡易に多数の試験試料のメタン産生量の測定可能なインビトロガス分析法などが開発され，反すう家畜のメタン産生量のデータ蓄積にも用いられている．図8.7にインビトロガス培養試験法の概要を示した．100 mLのシリンジにサンプル0.2 gと第一内容液と緩衝液の混合液を入れ，39℃の振とう恒温槽で培養を行う．培養後に産生したガス量とその組成を測定によりメタン産生量を求める．ガス培養試験法は特殊な装置は不要で，多くのサンプルについてデータ蓄積が可能となる．家畜呼吸試験やSF$_6$法では多くの飼料について測定が困難であることから，それらの測定値を補完する

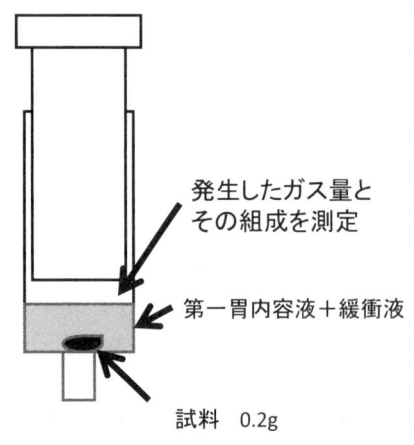

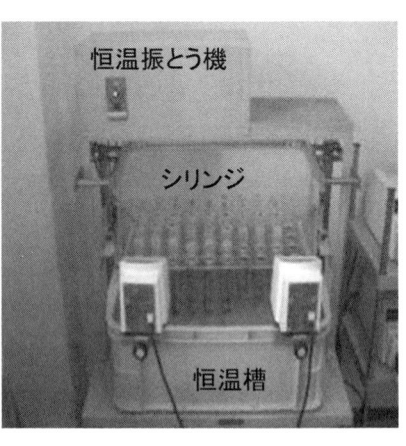

図8.7　インビトロガス培養法の概要

ためや同一条件での飼料のメタン産生量の比較に有効である．

4．反すう家畜からのメタン産生量の推定

反すう家畜からのメタン産生量の推定式は1930年代から考案されている．Kris（1930）は乾物摂取量をパラメータにした推定式，Bratzler and Forbes（1940），Moe and Tyrell（1979）は可消化炭水化物をパラメータにした推定式，Blaxter and Clapperton（1965）はメタン産生量が飼料の消化率とエネルギー摂取水準の2要因で決まるとし，消化率と飼料摂取レベルをパラメータにした推定式をそれぞれ提案している．

$$\text{メタン（kcal／エネルギー摂取100kcal）} = 1.3 + 0.112D + L \times (2.37 - 0.05D)$$

D：維持レベルでの消化率，L：維持に対する飼料摂取レベル（維持レベルを1）

この式から，メタンの産生量は消化率が高まるにつれて維持水準では増加するが，維持の3倍では逆に減少する．

一方，Moe and Tyrell（1979）は，1日当たりのNFC（非繊維性炭水化物），HC（ヘミセルロース），C（セルロース）摂取量からメタン産生量を求める式

を提案している．

$$\text{メタン}(\text{MJ／日}) = 3.38 + 0.51\text{NFC} + 2.14\text{HC} + 2.65\text{C}$$

近年では，Mills et al., (2003)は乾物摂取量あるいは代謝エネルギー摂取量をパラメータとした直線回帰式を提案している．

$$\text{メタン}(\text{MJ／日}) = 5.93 + 0.92 \times \text{乾物摂取量}(\text{kg／日})$$
$$\text{メタン}(\text{MJ／日}) = 8.25 + 0.07 \times \text{代謝エネルギー摂取量}(\text{MEI：MJ／日})$$

このほか，1日当たりの飼料成分摂取量をパラメータとした推定式を示している．

$$\text{メタン}(\text{MJ／日}) = 7.30 + 13.13 \times \text{窒素摂取量}(\text{kg／日}) + 2.04 \times \text{酸性デタージェント繊維}(\text{ADF})\text{摂取量}(\text{kg／日}) + 0.33 \times \text{デンプン摂取量}(\text{kg／日})$$

わが国での反すう家畜からのメタン産生量に関する研究として，Shibata et al., (1992)は，飼料摂取量によってメタン産生量は変動し，牛は羊の7倍，山羊の9倍であることが報告している．また，メタン産生量は繊維含量が高い飼料を給与した場合に多く，逆に蛋白質含量の高い飼料でも少ない．さらに，Shibataら(1992)は反すう家畜のメタン発生量におよぼす粗濃比の影響を検討し，簡易なメタン発生量推定式を作成している．乾物摂取量が多いほど家畜からのメタン産生量は多いが，乾物摂取量当たりでは逆に少ない傾向にある．そのため，メタン産生量と乾物摂取量との関係は曲線的な関係を示すことを明らかにしている（図8.8）．

この推定式は反すう家畜

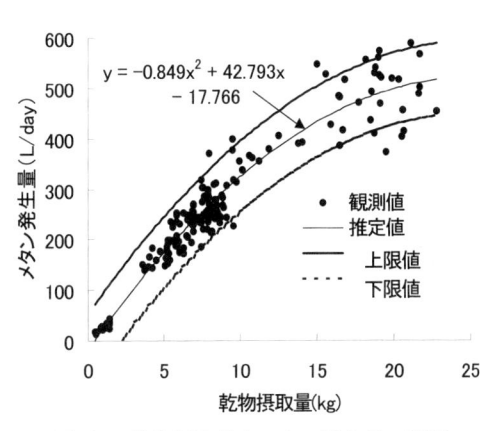

図8.8 乾物摂取量とメタン発生量の関係

全体に適用できるほか，乾物摂取量をパラメータに用いていることから，国あるいは地域レベルのメタン発生量の推定に有効であることが指摘されている．

$$CH_4 (L/日) = -17.766 + 42.793 \times 乾物摂取量 (kg/日) - 0.8486 \times 乾物摂取量^2$$

5．わが国での消化管内発酵に由来するメタン産生量の算定

わが国の温室効果ガスの排出・吸収量については，環境省が温室効果ガス排出量算定方法検討会を開催し，最新の知見をもとにインベントリ算出の見直しを行っている．

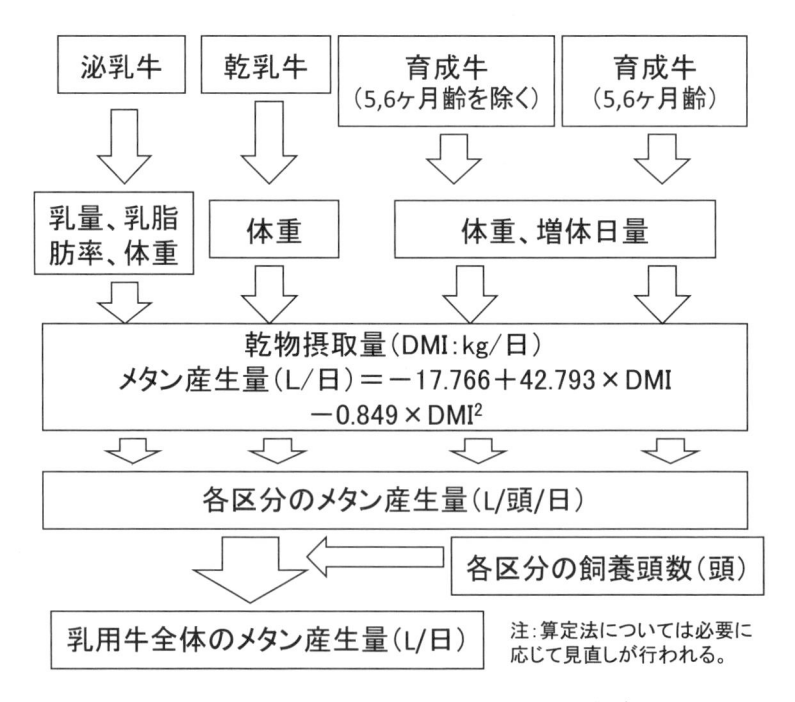

図8.9　わが国での乳用牛でのメタン算定法の概略

表8.1 牛の平均乾物摂取量とメタン排出係数

	乾物摂取量（kg／日）	排出係数（kgCH$_4$／頭／年）
1. 乳用牛		
(1) 泌乳牛	20.7	131.4
(2) 乾乳牛	8.5	73.9
(3) 育成牛（5，6ヶ月齢を除く）	7.5	66.7
(4) 5，6ヶ月齢	3.7	33.6
2. 繁殖雌牛		
(1) 1歳以上	7.1	63.1
(2) 1歳未満（5，6ヶ月齢を除く）	6.7	60.1
(3) 5，6ヶ月齢	4.4	40.4
3. 肥育牛		
(1) 和牛，雄（1歳以上）	8.4	73.2
(2) 和牛，雄（1歳未満，5，6ヶ月齢を除く）	6.8	61.1
(3) 和牛，雄（5，6ヶ月齢）	4.3	39.6
(4) 和牛，雌（1歳以上）	6.4	58.1
(5) 和牛，雌（1歳未満，5，6ヶ月齢を除く）	6.1	55.3
(6) 和牛，雌（5，6ヶ月齢）	4.1	37.4
(7) 乳用種（5，6ヶ月齢を除く）	8.7	75.6
(8) 乳用種（5，6ヶ月齢）	5.3	48.0

平成18年度環境省温室効果ガス排出量算定方法検討会農業分科会報告書より作成

　日本国内での家畜からの消化管内発酵によるメタン産生量の算定の対象となる家畜は，乳用牛，肉用牛，水牛，山羊，めん羊，ロバ，ラバ，豚，馬である．さらに，メタン産生量の算定では，乳用牛が生育ステージ，肉用牛は品種と生育ステージで区分されている．一方，山羊，めん羊，水牛，ロバ，ラマ，豚，馬はそれぞれのメタン産生量のデフォルト値を設定している．図8.9に示したように，乳用牛では乾乳牛，泌乳牛，育成牛（2歳未満で5，6ヶ月齢を除く，5，6ヶ月齢）の4つに区分し，それぞれの平均的な乾物摂取量からメタン産生量を推定し，頭数を乗じることで区分ごとのメタン産生量を求める．

　一方，肉用牛は，繁殖牛（1歳以上，1歳未満で5，6ヶ月齢を除く，5，6ヶ月齢），肥育牛は和牛（1歳以上，1歳未満で5，6ヶ月齢を除く，5，6ヶ月齢）と乳用種（5，6ヶ月齢を除く，5，6ヶ月齢）の8つに区分して，それぞれの平均的な乾物摂取量からメタン発生量を推定し，頭数を乗ずることで区分ごとのメタン産生量を求める．乾物摂取量の推定に必要なパラメータは，乳用牛

で乳量，乳脂肪補正乳量，体重，増体日量（kg／日），肉用牛では体重，増体日量，代謝エネルギー要求量などである．これらのパラメータは最新の牛乳乳製品統計，畜産統計，畜産物生産費調査などの統計書を用いるとともに，体重，増体日量，代謝エネルギー要求量などは日本飼養標準（乳牛，肉用牛）を用いて求める．

表8.1に牛の平均乾物摂取量とメタン排出係数を示した．また，その他の家畜の排出係数は山羊，めん羊が乾物摂取量から推定してともに4.1 kgメタン／頭／年であり，IPCC 1995年ガイドラインにしたがい水牛は55 kgメタン／頭／年，馬は18 kgメタン／頭／年となっている．

なお，わが国の牛での消化管内発酵に由来するメタン産生量は，肉用牛の飼養頭数が横ばい，乳牛がやや減少している結果，全体として牛からのメタン産生量はやや減少傾向にある（図8.10）．

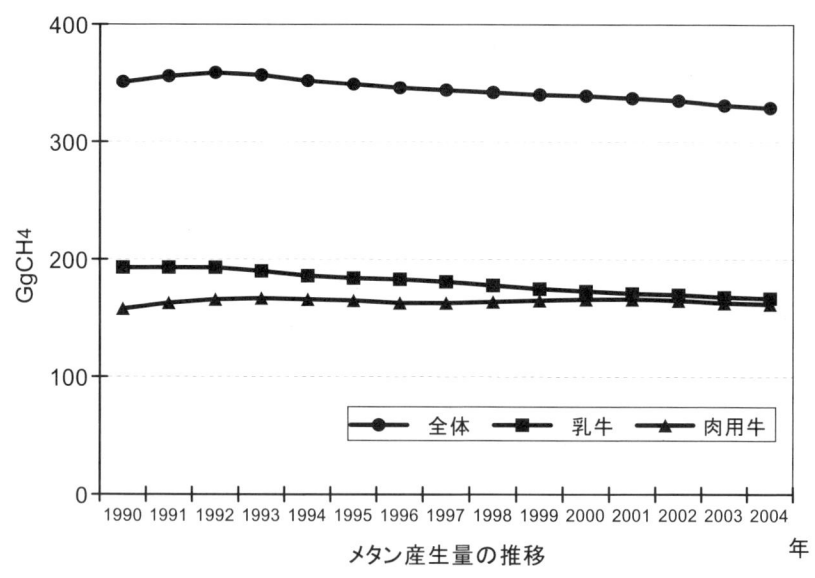

メタン産生量の推移

平成18年度環境省温室効果ガス排出量算定方法検討会農業分科会報告書より作成

図8.10　わが国での牛からのメタン発生量の推移

6. 反すう家畜でのメタン産生抑制技術

(1) 生産性の向上

肥育牛の増体日量とメタン産生量との関係では,増体日量が増えるにつれて増体日量当たりのメタン産生量は減少する(寺田ら 1997).一方,乳牛での乳量と単位乳量当たりのメタン産生量との関係では,乳量が増加するにつれてメタン産生量は増加するが,逆に乳量当たりのメタン産生量は減少する.たとえば,4％乳脂肪補正乳量(FCM)が20 kgから30 kgへ50％増加すると,メタン産生量(L／日)は14％増加するが,FCM 1 kg当たりでは23％減少する(Kurihara et al., 1997)また,メタン産生量を抑制することで,肉用牛では増体日量,乳牛では1日当たりの乳量がそれぞれ増加することが知られている.このように,反すう家畜では摂取した飼料エネルギーの一部がメタンとして失われることから,メタン産生量を抑制することは飼料のエネルギー利用効率を改善する点でも重要である.

(2) 脂質の飼料への添加

第一胃内発酵を操作する方法として脂肪酸カルシウムはメタンの基質となる水素を消費することから,不飽和脂肪酸の添加によりメタン産生量が抑制されることが乳牛で示されている.メタン産生量は,脂肪酸投与によって低下し,その効果は不飽和度に関係し,ステアリン酸,オレイン酸,リノール酸の順に大きくなる傾向にある(カルシウム塩として給与)[5].脂肪酸カルシウムの給与は,わが国においてもバイパス油脂として,泌乳初期や暑熱期のエネルギー摂取量の不足を補う目的で酪農家に普及している技術であるが,肉用牛については,産肉性や肉質などの生産性に関しての検討が必要である.Giger-Reverdin et al., (2003)はC_8-C_{16}の脂肪酸が最もメタン抑制に関与しており,不飽和度が高まるにつれて抑制効果は高くなることを報告している.特に,脂肪酸の中でもラウリン酸やミリスチン酸のメタン抑制効果は高い(Dohme et al., 2000).

一方,給与飼料に植物油や脂肪を多く含む食品製造副産物を添加することでメタン抑制が生じることが報告されている.McGinn et al., (2004)はヒマ

ワリ油を飼料に添加することでホルスタイン種去勢牛のメタン産生量を21％低減できることを報告している．また，図8.11に示したようにビール粕，トウフ粕，生米ヌカの食品製造副産物を1割程度添加することで，黒毛和種育成牛のメタン発生量を1割強抑制できることが示されている[6]．しかし，脂質の添加により採食量や繊維の消化率の低下を生じる場合があることから，添加量については十分に留意する必要がある．特に，近年では天然物質を利用してメタン発酵を操作し，メタン産生量を抑制する取組みに関心が高まっている．植物成分の一つである精油は抗菌性の作用を有しており，プロトゾア数にはほとんど影響しないものの，メタン産生菌数が減少することから，精油を用いたメタン産生抑制の検討が進められている．

（3）イオノファや有機酸の添加

モネンシン，サリノマイシン，ラサロイドなどのイオノファは陽イオンを取り込み，第一胃内のグラム陽性菌やプロトゾアの細胞膜の脂質二重層に付着することで，微生物の代謝に影響することが知られている．イオノファは抗生物質に分類され，第一胃内微生物の生態系や発酵に影響して，飼料の利

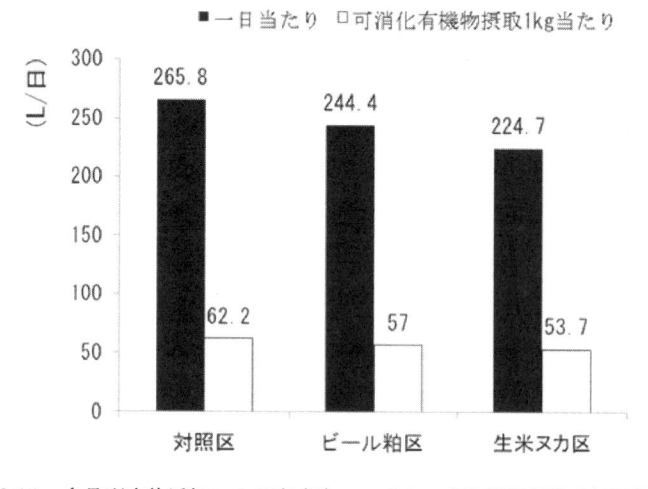

図8.11 食品副産物添加による育成牛でのメタン産生抑制効果（永西 2002）

用効率の改善に効果があることが認められている．また，モネンシンを飼料に添加することでメタンが抑制されるが，その効果は継続しないことから，メタン産生菌がモネンシンなどに対して適応するためと考えられている．また，モネンシンの代替として，プロピオン酸生成の前駆物質して有機酸であるフマル酸やリンゴ酸の添加が検討されている．

(4) プロトゾアの除去

第一胃内プロトゾアは水素を生成することから，メタン細菌の多くはプロトゾアの体表や細胞内に生息している．したがって，第一胃からプロトゾアを除去すればメタン生成量も減少する．実験的に子牛の第一胃からプロトゾアを除去しその影響を調べた結果では，メタン菌数は著しく低下し，メタン生成量も約20％減少するが(Takenaka and Itabashi 1995)，飼料のエネルギーや繊維の消化が低下することも認められている．

(5) その他

タンニンは植物の二次代謝産物の天然のポロフェノールであり，タンニンを飼料に添加することで図8.12に示したように反すう家畜のメタン産生が抑制される．しかし，タンニンを飼料中に5％添加した場合には乾物，蛋白質，繊維の消化率が低下することから，生産性やメタンの抑制を考慮すると2.5％の添加が適正であることが報告されている．タンニンによるメタン産生抑制効果は，第一胃内微生物の活性低下，繊維とタンニンとの結合による繊維の利用性の低下などが原因であると考えられる．

このほか，プロバイオティクス，バクテリオシン，植物抽出物などを用いた反すう家畜での新たなメタン産生抑制法への取組みが始まっている．メタン産生抑制法を明らかにするためには，*in vitro*法での評価のみならず，生体内での抑制メカニズムや効果の評価などを組み入れた総合的な検討を行う必要がある．特に，生産性を低下させることなく，メタン産生量を抑制することが重要であるが，反すう家畜でのメタン産生抑制メカニズムに関してはまだ十分に解明されていない．そのため，近年の遺伝子解析技術を用いた反すう

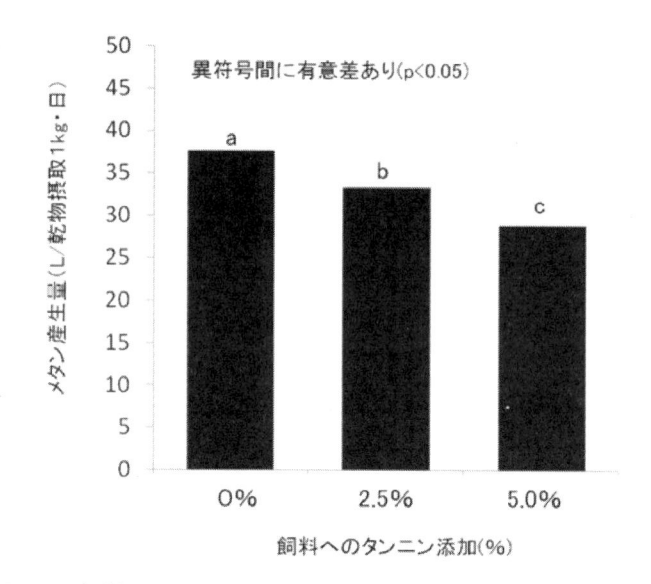

図8.12　飼料へのタンニンの添加が山羊のメタン産生量におよぼす影響

う家畜でのメタン生成や第一胃内微生物叢との関係解明など，メタン産生抑制メカニズムを詳細に解析することで，より効果的かつ斬新的なメタン産生抑制技術の開発が進むと考えられる．

7. 畜産業と温暖化研究

　畜産業と温暖化研究の関係を大別すると図8.13に示したように4つのカテゴリーに区分することができる．まず，国別にGHG排出量を報告する義務があることから，反すう家畜の消化管内発酵に由来するメタンや糞尿の管理過程で産生する亜酸化窒素やメタンの産生量を正確に把握するための研究が必要である．次に，わが国ではGHG総排出量に占める畜産に由来するGHGの割合は低いが，メタンや亜酸化窒素の主要な排出源であること，また，反すう家畜のメタンを抑制することはわが国だけでなく，メタン抑制技術を海外へ技術移転することでCDMの可能性も想定できるため，実用性の高いメタン抑制技術の開発が必要となっている．

　さらに，温暖化により地球の平均気温の上昇や夏季の高温期間が長期化し

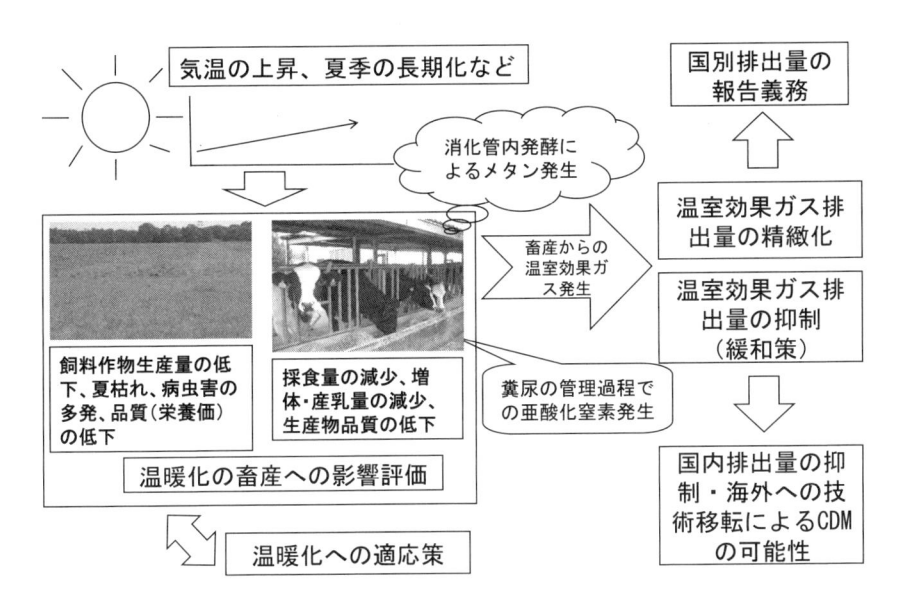

8 わが国での反すうする家畜の消化管内発酵に由来するメタンについて　165

図8.13　畜産業と地球温暖化問題の関係

た場合に，畜産業にも様々な影響が生じることが予測されている．たとえば，飼料作物では夏季の気温上昇による夏枯れや病虫害の発生の増加，品質の低下が懸念されている．また，家畜では採食量の減少に伴う畜産物の生産量や品質の低下が予測されており，今後，温暖化が進んだ場合での影響評価に関する研究が進められている．一方，将来の温暖化に伴う畜産物の生産性低下に対する適応策に関する研究が進められている．このように，畜産業と温暖化の問題は多様であり，生産者から消費者までを対象に影響評価や適応に関するベストミックス戦略の提案が必要となっている．

8．おわりに

反すう家畜は私たちが食物として利用できない牧草などを飼料とし，貴重な蛋白源である牛乳や肉などの畜産物を生産する．しかし，近年ではバイオエタノール需要の拡大により飼料価格が高騰するなど，飼料自給率の向上はわが国での畜産物の安定供給を図る上でもさらに重要なテーマであり，自給

飼料の増産や低・未利用飼料資源の利用促進に関する取組みが強化されている．前述したように家畜が摂取したエネルギーの一部がメタンとして失われることから，メタンの低減は，飼料のエネルギーの有効利用の点でも重要である．そのため，メタン産生量の低減はGHG排出量の低減だけではなく，家畜の生産性改善にも大きな意味を持つ．また，アジアには家畜が多数飼育されていることから，反すう家畜の消化管発酵に由来するメタン産生量の精緻化や抑制に関する技術を海外に展開させることで，アジア各国の独自のインベントリ策定や地球規模での環境問題に貢献できるものと思われる．

9．引用文献

Bratzler, J. W. and E. B. Forbes 1940. the estimation of methane production by cattle. Journal of Nutrition 19 : 611-613.

Blaxter, K. L. and J. L. Clapperton 1965. Prediction of the amount of methane produced by ruminants. Brtish Journal of Nutrition 19 : 511-522.

Dohme, F., Machmuller, A., Wasserfallen, A. and M.Kreuzer 2000. Comparative efficiency of various fats rich in medium-chain fatty acids to suppress ruminal methanogenesis as measured with RUSITEC. Canadian Journal of Animal Science 80 : 473-482.

独立行政法人国立環境研究所地球環境研究センター温室効果ガスインベントリオフィス 2008．日本国温室効果ガスインベントリ報告書．

永西　修・川島知之・佐伯真魚・寺田文典・田鎖直澄・竹中洋一・鈴木知之・栗原光規 2002．製造副産物の給与による育成牛からのメタン発生量の抑制．第100回日本畜産学会講演要旨，189.

Giger-Reverdin, S., Morand-Fehr, P. and G. Tran 2003. Literature survey of the influence of dietary fat composition on methane production in diary cattle. Livestock production Science 82 : 73-79.

板橋久雄　2006．ルミノロジーの基礎と応用．小原嘉昭編，農山漁村文化協会，東京．25-32.

Johnson, K. A., Huyler, M. T., Westberg, H. H., Lamb, B. K. and P. Zimmerman

1994. Measurement of methane emissions from ruminant livestock using a SF6 tracer technique. Environmental Science Technology 28 : 359-362.

Kriss, M. 1930. Quantitative relations of the dry matter of the food consumed, the heat production, the gaseous outgo and the insensible loss in body weight of cattle. Journal of Agriculture Research 40 : 283-295.

Kurihara, M., Shibata, M., Nishida, T., Purnomoadi, A. and F. Terada. 1997. Methane productionand its dietary manipulation in ruminants. In: Rumen Microbes andDigestive Physiology on Ruminants (Onodera R, Itabashi H, Ushida K, Yano H, Sasaki Y eds.) 199-208. Japan Sci. Soc. Press, Tokyo/S. Karger. basel.

Leng, R. A. 1970. Formation and production of volatile fatty acids in the rumen. in Physiology of Digestion and Metabolism in the Ruminant. A. T. Phillipson, ed. Oriel, Newcastle upon Tyne, UK. 406-421.

McGinn. S. M., Beauchemin, K. A., Coates, T. and D. Colombatto 2004. Methane emissions from beef cattle: effects of monensin, sunflower oil, enzymes, yeast, and fumaric acid. Journal of Animal Science 82 : 3346-3356.

Mills, J. A. N., Kebreab, E., Yates, C. M., Crompton, L. A, Cammell, S. B., Chanoa, M. S, Agnew, R. E. and J. France 2003. Alternative approaches to predicting methane emissions from dairy cows. Journal of Animal Science 81 : 3141-3150.

Moate, P. J., Clarke, T., Davies, L. H. and R. H. Laby 1997. Fumen gases and load in grazing dairy cows Journal of Agricultural Science 129 : 459-469.

Moe, P. W. and H. F. Tyrrell 1979. Methane production in dairy cows. Journal of Dairy Science 62 : 1583-1586.

Mbanzamihigo, L., Fievez, V., da Costa Gomez, C., Piattoni, F., Carlier, L. and D. Demeyer 2002. Methane emissions from the rumen of sheep fed a mixed grass-clover pasture at two fertilization rates in early and late season. Canadian Journal of Animal Science 82 : 69-77.

関根純二郎 1995. 繊維の消化とメタン (4) 子牛の反芻胃機能発達に即したメタン産生制御の可能性. 畜産の研究, 49 : 1119-1123.

Shibata, M., Terada F., Iwasaki, K., Kurihara, M. and T. Nishida 1992. Methane production in heifers, sheep and goats consuming diets of various hay and entrations. Animal Science Technology 63 : 1221-1227.

Shibata, M., Terada, F., Kurihara, M., Nishida, T. and K. Iwasaki 1993. Estimation of methane production in ruminants. Animal. Science. Technololgy. 64 : 790-796.

Takenaka A and H. Itabashi 1995. Changes in the population of some functional groups of rumen bacteria including methanogenic bacteria by changing the rumen ciliate in calves. Journal of Genetic Applied. Microbialogy., 41 : 377-387.

寺田文典・栗原光規・永西 修・西田武弘・上田宏一 1997. 肥育牛からのメタン発生量の推定. 第93回日本畜産学会講演要旨, 65

第9章
森林分野の温暖化緩和策

松 本 光 朗
(独)森林総合研究所　温暖化対応推進室長

1. はじめに

2007年に発表された，気候変動に関する政府間パネル（IPCC）による第4次評価報告書（以下，AR4と略称）は，地球温暖化の現状を詳細に記述し，その原因を人為的な温暖化ガスによるものであるとほぼ断定した．また，AR4は温暖化の影響やその緩和策について部門別に議論しており，森林に係わる議論も豊富である．しかし，温暖化問題における森林の役割や，京都議定書を初めとした現在の国際的な議論については，一般には十分には理解されていない状況がある．そこで，本報告では，AR4を踏まえ，地球温暖化における森林の位置づけや役割を解説し，その上で京都議定書における日本の森林吸収源，さらに最近特に注目されている途上国の森林減少の問題について紹介したい．

なお，本報告は，環境省地球環境研究総合推進費「B-60京都議定書吸収源としての森林機能評価に関する研究」および「B-72森林減少の回避による排出削減量推定の実行可能性に関する研究」，林野庁「森林吸収量報告・検証体制緊急整備対策事業」による成果を基礎にしたものである．

2. 地球温暖化と森林

AR4は，現在の地球温暖化が温室効果ガス〔二酸化炭素（CO_2），メタン，フロン，亜酸化窒素など〕の人為的増加によるものであるとほぼ断定した．

その主因は石油・石炭などの化石燃料から排出されるCO_2であり，化石燃料の使用削減が第一の温暖化緩和策となる．一方，排出削減とは反対のアプローチとして，森林によるCO_2吸収という緩和策がある．

植物は光合成により大気中のCO_2を吸収して育つ．樹木は数十年から数百年にわたってCO_2を吸収し，炭素を体内に蓄え続ける．蓄えられた炭素は，その後伐採や枯死，腐朽，燃焼を通して再び大気に還って行くが，同じ土地で次の世代の森林がまた吸収，蓄積を繰り返す．つまり，個々の林木は短期に吸収と排出を繰り返しながら，森林全体としては長期間にわたり安定的に炭素を蓄え，大気中へのCO_2排出を調整していると言える．

AR4に掲載された値を用いて，1990年代の地球全体の炭素循環を図9.1に示した．化石燃料の使用による排出64億トン／年に対し，吸収は陸域と海洋による32億トン／年であり，地球全体の収支では32億トン／年の排出となり，これが大気に蓄積され温暖化を促進させている．陸域に注目してみると，毎年の収支は森林や農地，草地などによる26億トンの吸収と，土地利用変化による16億トンの排出により，正味10億トン／年の吸収となっている．ここで，森林や農地，草地など陸域生態系の植生と土壌には2兆2,600億トン

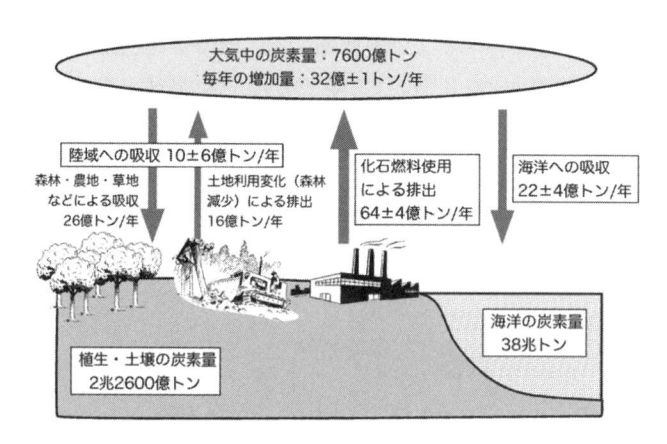

図9.1　1990年代の地球上の炭素循環
IPCC第4次評価報告書第1作業部会報告（IPCC　2007a）の表7.1および図7.3を元に作図した．

の炭素が蓄えられていることに注目したい．大気中の炭素が7,600億トンであることから，いかに多くの炭素が陸域に蓄えられているか，そしてそれをむやみに排出させないことがいかに重要かがわかる．

さて，ここで土地利用変化とは，森林を伐採し農地や市街地などに転用する森林減少を意味している．森林減少による炭素排出量は総排出量の20％を占め，化石燃料の使用に次いで大きいことから，温暖化の緩和策としての森林減少の削減が注目され，国際的な議論となっている．

このような地球上の炭素循環の全体像の中での森林の位置関係と，森林に蓄積されている炭素と，そのフローの量的大きさを見れば，地球温暖化における森林の重要性が理解できるだろう．

3．地球温暖化緩和への森林・木材の貢献

(1) 森林の状態や取扱いと吸収・排出

先に示したように，森林を構成する林木はCO_2を吸収・貯蔵するという機能を持つが，短期的に見れば森林としてはその状態や取り扱いによって吸収源にも排出源にも成り得る．たとえば，若い林は成長が旺盛で吸収量も大きいが，原生林や極相林といった成熟した森林では，成長による吸収量と枯死による排出量がほぼ同量となる．また，森林の伐採は木材の利用を経て最終的に燃焼や腐朽により排出につながり，森林火災や病虫害は短期間に大きな排出をもたらす．

ただし，いずれもその後に森林が再生すれば，その成長過程で排出されたCO_2は再び吸収され，中長期的には差引ゼロとなる．ここで一番の問題は森林減少である．森林減少は森林の伐採による排出をもたらすだけでなく，将来の吸収や蓄積の機会も奪うためである．

(2) 木材利用によるCO_2の排出削減

しかし，地球上に森林が成立する土地や量には上限があり，CO_2の吸収・蓄積にもおのずと限界がある．森林に対する過大な期待は禁物であり，温暖化緩和策の第一はCO_2の排出削減であることを忘れてはいけない．そして，

ここに木材の役割がある.

　CO_2を吸収して生産された木材は，その一方で排出削減をもたらす．木材は住宅や家具といった形で炭素を蓄積する．これを蓄積効果と呼ぶ．また，鉄やアルミのように製造時に大きなエネルギーを必要とする材料に代えて，製造エネルギーが小さい木材を利用することにより，化石燃料の使用量を節約することができる．これを省エネ効果と呼ぶ．たとえば，鉄筋コンクリートの代わりに木造で住宅を立てれば，半分以下のエネルギーですむ．さらに，化石燃料の代わりに木材を利用してエネルギーを作れば，化石燃料の使用量を減らすことができる．これを代替効果と呼ぶ．そのため，近年，木質残廃材を使ったバイオマスエネルギーに注目が集まっている．

（3）森林と木材による貢献

　以上のように，地球温暖化に対する森林の貢献は，森林によるCO_2の吸収と，森林から生産された木材を利用することによるCO_2の排出削減という，両面からのアプローチによるものであることが大きな特徴といえる．このような認識からAR4は，森林・木材による緩和策として，①森林面積の維持・増加，②林分レベルでの森林蓄積の維持・増加，③ランドスケープ・レベルでの森林蓄積の維持・増加，④木材製品の活用を掲げている（IPCC　2007b）.

　ここで，森林面積や蓄積の増加だけではなく，「維持」が強調されている点に注目したい．CO_2を吸収させるために森林の面積や蓄積を増加させるのと同時に，無駄な排出を防ぐために現状の面積や蓄積を減少・劣化しないよう，健全に維持管理することの重要性が強調されているのだ.

　このような森林管理の重要性についてカナダと米国の事例を紹介したい．カナダの森林面積は極めて広いことから，CO_2を大量に吸収しているものと考えられていた．しかし，近年，カナダの森林では山火事やパイン・ビートルと呼ばれる昆虫による枯死が多発しており，カナダの森林は排出源となっている現状がある（Natural Resources Canada　2007）．また，米国においても太平洋岸の森林で山火事が多発しているため，可燃物となる林内の小径木や低木を除去する目的で間伐施策を推進している（エドウィン宮田　他

2005).これらの事例の山火事予防,虫害の防除,さらに間伐や除伐といった森林管理は,蓄積量維持のための温暖化緩和策として捉えることができる.具体的な施策はそれぞれの国,森林生態系においてさまざまであるが,森林の蓄積を維持し吸収源に留めておくためには,適切な森林管理が必要であることは共通している.

4. 日本での温暖化緩和策

さて,日本ではどのような緩和策が適用できるだろうか.IPCCが示した緩和策の順に見てみよう.まず,森林面積の維持・増加であるが,日本の森林面積はこの数十年間その変化はほとんど無く,面積維持はできるにしても増加は難しい.伐採後の確実な更新や耕作放棄農地への植林が,わずかな対策となろう.

森林蓄積の維持・増加はどうだろうか.戦後に造林されたスギ,ヒノキ,カラマツといった人工林は,高い成長量,すなわち高い吸収能力を持ち,現在,大きな吸収源となっており,この人工林による吸収状態を維持することが短中期的な緩和策と言えよう.このとき,人工林の間伐が十分には実行されていない現状が懸念される.適切に間伐されなければ林木が細くモヤシのような不健全な林分となり,台風や病虫害によって被害を受けやすく,つまり排出の危険性が高くなる.人工林の多い日本では特に,間伐は健全性と吸収源を維持するための重要な緩和策と言える.

しかしながら,現状の人工林の半数は40年生以上であることから,現在の旺盛な成長量が今後も続くとは考えにくく,中長期的には成長量は少しずつ減少していくものと思われる.一方,近年,成熟した森林資源を背景に,国内の林業生産が盛んになってきており,伐採による排出は増加していくと考えられる.これら,成長の頭打ちによる吸収量低下と,林業生産増加による排出量増加により,中長期的に見れば,わが国の森林吸収量は徐々に減少していくものと考えられる.

このような見通しの中では,森林の吸収とあわせて,木材利用による排出削減に注目すべきである.木材製品の活用による排出削減の潜在力は,建築

物・家具部門の木造率・木製率を現状の35％から70％に上げることなどにより，蓄積効果，省エネ効果，代替効果の合計で排出量の3％程度の削減可能量があるものと推定されている（外崎・恒次　2008）．特に，代替効果については現状では評価や活用がほとんど進んでおらず，潜在量は大きいものと思われる．このように，長中期的な緩和策としては，森林による吸収と木材利用による排出削減の両者を促進する施策を打っていくことが適当である．このとき，森林による吸収と木材利用による排出削減にはトレードオフの関係があることから，これらを分離するのではなく，両者の貢献を足し上げることにより森林分野の緩和策として正しく評価することが必要である．

5．日本の森林による吸収量の算定・報告手法の開発

（1）日本の森林吸収量の算定・報告手法

京都議定書に基づく報告では，3条3項に示された1990年以降，森林以外の土地への新規植林・再植林と，3条4項に示された1990年以降，間伐を代表とする森林経営活動が行われた森林について，その吸収量を排出削減の目標達成に利用することができる（UNFCCC　1997）．3条4項森林経営については，国別に利用上限が定められ，日本の利用上限は1,300万炭素トン／年とされた（UNFCCC　2001）．この吸収量の算定・報告に当たっては，京都議定書に加えて，マラケシュ合意（UNFCCC　2001）とIPCCグッドプラクティス・ガイダンス（IPCC　2003）により，森林の数値的定義や，森林経営の定義，地上部・地下部バイオマス，枯死木，リターおよび土壌といった5つのプールごとの炭素変化量の報告，算定値の検証や不確実性評価など，様々な要件が定められている．

筆者を中心とした森林総合研究所のグループは，林野庁からの委託業務として，京都議定書報告のための森林吸収量の算定・報告手法を開発した．この手法はインベントリ報告書（温室効果ガスインベントリオフィス　2007）や，京都議定書に関わる報告書（日本国政府　2007）に示されており，以下のように要約される．

①森林の数値的定義を，最低面積0.3 ha，最低樹冠被覆率30％，最低樹高

5 m，最小幅20 mとする．

② 1990年以降の新規植林・再植林・森林減少面積は，オルソフォトや高解像度衛星画像上での500 mグリッドの判読により把握する．

③ 3条4項の森林経営活動は，育成林については森林を適切な状態に保つために1990年以降に行われる森林施業（更新（地拵え，地表かきおこし，植栽等），保育（下刈り，除伐等），間伐，主伐），天然生林については，法令等に基づく伐採・転用規制等の保護・保全措置」と定義した．1990年以降に，これらの活動が実施された森林の吸収量が算入対象となる．

④ 吸収量の推定は森林簿の材積を用いて行い，2008〜12年の炭素蓄積の変化量から推定する．森林バイオマスによる炭素蓄積変化量は，(1)式で表される蓄積変化法により算定する．

炭素蓄積変化量＝（t_2時点の炭素蓄積量－t_1時点の炭素蓄積量）
　　　　　　　／（$t_2 - t_1$）　　　　　　　　　　　　　　　(1)

(1)式の炭素蓄積量は，(2)式を用いて材積から算定する．

炭素蓄積量＝材積×容積密度×拡大係数×（1＋地下部率）
　　　　　×炭素含有率　　　　　　　　　　　　　　　(2)

ここで，容積密度は蓄積に対する乾重量，拡大係数は幹部重量に対する枝葉を含んだ地上部重量の比，地下部率は地上部に対する地下部重量の比，炭素含有率は乾重量に対する炭素重量の比を意味する．これらの係数については国内調査により詳細な数値を求め，前出の報告書に記した．

⑤ 3条4項森林経営による吸収量は，全森林の吸収量に，森林経営活動が行われた森林の比率を乗ずることによる推定する．森林系活動が行われた森林の比率は，全国の育成林を対象とした継続したサンプリング調査により求める．

⑥ 枯死木，リター，土壌の炭素量の推定には，土壌を含めた森林の炭素循環を表した数理モデルであるセンチュリーモデル（Kelly 1997）を，日本用に調整して作成したモデル（Century-jfos）を用いる．都道府県別

の気象データや樹種別の係数を用いて Century-jfos を作動させ，標準的な施業を行った場合の各プールの年・単位面積当たりの炭素量変化量を推定し，算定に適用する．

⑦ 不確実性の評価や算定値の検証を重視し，森林簿を算定の核とし，それを林分情報や地理情報で検証するという算定・報告の全体構造とする．

(2) 国家森林資源データベース

この算定・報告手法を実行するシステムとして，国家森林資源データベースを開発した (図9.2). その概要は以下の通りである．

1) 目的と対象

国家森林資源データベースは，京都議定書の報告を目的とするばかりでなく，我が国の森林資源に関する包括的なデータベースという性格を持つ．管理対象は，国内の全ての森林であるが，土地利用変化を把握する必要があるため，土地利用情報に関しては，全国土を範囲とする．

2) 管理情報

行政情報として，森林簿における林分の最小単位である小班ごとの情報を持ち，その情報量は日本全体で約4,000万レコードに至る．また，森林簿とリンクされる地理情報として，森林計画図の林班界（国有林については林班界と小班界）をベクターデータとして持つ．なお，林班とは地形を踏まえた森林の区画であり，その中に林分に相当する小班を数個から数十個を含む．

画像情報としては，高解像度画像として基準年1990年の空中写真

図9.2 国家森林資源データベースの概観

オルソフォトと2005年以降のSPOT衛星画像を，中解像度画像としてLandsat衛星のTM画像を持つ．また，林分情報としては，定期サンプリング調査である森林資源モニタリングの成果と，森林経営活動に関わるサンプリング調査のデータを持つ．これらの調査では，プロット内の全林木の樹種，直径，樹高などが計測されている．

3) データ管理

国家森林資源データベースのサーバー本体は，林野庁内に設置されている．毎年，更新された民有林および国有林の森林簿情報は，コンバートプログラムにより共通フォーマットに変換され国家森林資源データベースにインポートされる．このデータを用い，林野庁は毎年森林による二酸化炭素の収支を算定・報告を行う．

4) 検証

CO_2の収支算定は主に森林簿などの行政情報に基づいて行われるが，その蓄積量・成長量の情報は，森林資源モニタリング調査などの実測調査により，また位置情報はオルソフォトや衛星画像により検証する，という構造を持つ（図9.3）．

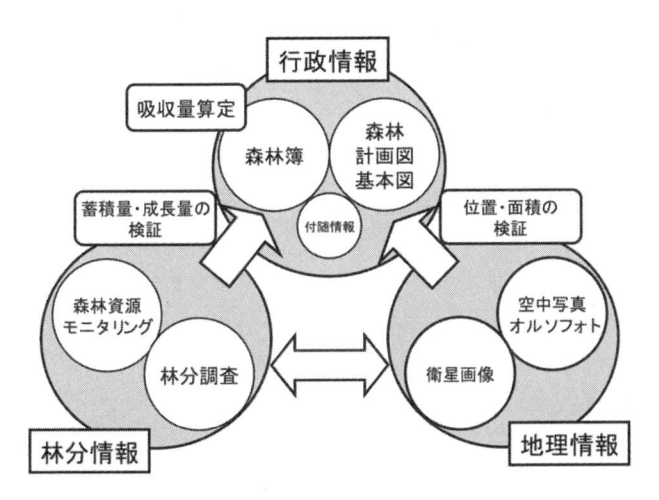

図9.3 わが国の森林吸収量の算定・報告の概念図

(3) 日本の森林吸収量の現状

2007年,国家森林資源データベースを用い,京都議定書報告のための吸収量の算定が初めて行われた (表9.1).その報告によれば,2005年の日本の温室効果ガスの総排出量は13億6,000万トン／年 (CO_2換算) であり,基準年 (1990年度) と比較し7.4％の増加となった.国家森林資源データベースを用いて集計された森林によるCO_2吸収量は8,750万トンであり,総排出量に対して6.4％にあたる.また,京都議定書による吸収量の総計は3,545万トン／

表9.1 報告された2005年の日本の森林吸収量

(単位：万トン (CO_2換算))

	地上部バイオマス	地下部バイオマス	枯死木	リター	土壌	合計 (注)
森林全体	8,653		▲62	-	159	8,750
京都議定書報告の対象森林	2,845	705	▲79	23	51	3,545
新規植林再植林	20	5	4	2	3	34
森林減少	▲114	▲35	▲44	▲19	▲29	▲241
森林経営	2,939	735	▲39	40	76	3,751

(注) 1. 温室効果ガスインベントリオフィス (2007),日本国政府 (2007) の報告値を編集した.
2. 本表において,正の値は吸収量を表し,負の値は排出量を表す.
3. 温室効果ガスとしては,メタンや亜酸化窒素なども少量報告されているが,本表では計上していない.

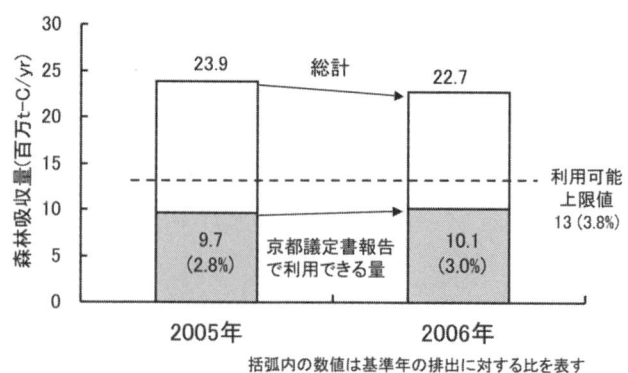

図9.4 わが国の森林吸収量の推移

年の吸収であり，これを炭素換算すれば967万トン／年となる．排出目標達成のために利用できる森林経営活動による吸収量の利用の上限は1,300万トン／年であるので，2005年度現在ではその74％にとどまっていたことになる．

また，最新の2006年の報告値を加えて吸収量の推移を見たところ，森林の全吸収量は若干下がったものの，排出削減目標に利用可能な吸収量は，2005年の1990年比2.8％から3.0％に上昇していたことが分かった（図9.4）．森林吸収量を3.8％という上限まで利用するためには，基準年以降まだ間伐などの施業が行われていない人工林について算入対象となるように間伐を進めることが重要であり，林野庁は追加的な間伐推進策を進めているところである．

6．途上国における森林減少・森林劣化

近年，地球上のCO_2排出量の20％をもたらす土地利用変化，すなわち森林減少が注目されている．AR4は，森林分野における緩和策に関して，潜在量の約65％が熱帯にあり，また約50％が森林減少の削減と森林劣化の防止により達成可能としている（図9.5）．地域別に見ると，森林減少は南アメリカ，東南アジア，熱帯アフリカの3地域で大きく，特にブラジル，インドネシアの2国で全世界の半数を占めている（FAO 2006）．森林減少の原因はさまざまだが，ブラジルでは農地開発やそれに関わる違法伐採によるもの，インドネシアはアブラヤシ農園の開発によるものが主因と言われている．これらの森林減少の原因には，温暖化対策を背景にしたバイオ燃料の需要の高まりがあることは温暖化対策として大きな矛盾点であり，食糧との競合も併せて農産物由来のバイオ燃料の評価や取扱いを見直すきっかけになっている．

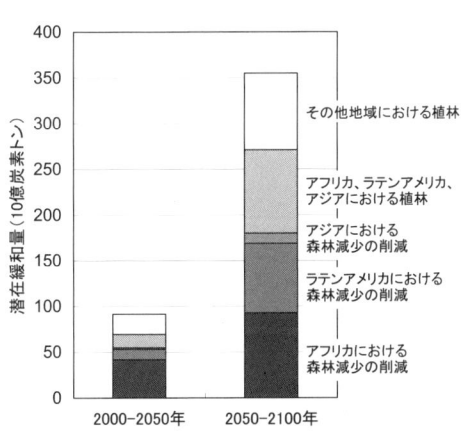

図9.5　森林分野の緩和策と潜在緩和量（IPCC　2007b）

このような現状がありながら，現行の京都議定書では先進国の森林のみを対象としており，熱帯を含む発展途上国の森林減少を減らすためのインセンティブを持っていない．そのため，この数年，COP（気候変動枠組み条約締約国会議）やSBSTA（COPの補助会合）では，2012年以降の京都議定書の次期枠組みに向け，この問題をREDD（途上国における森林減少および森林劣化による排出の削減）と呼び，国際的な議論が続けられてきた．

2007年，バリで開かれたCOP13において，REDDに関する合意がなされた．その内容は，途上国の森林減少と森林劣化を対象として，途上国が森林減少を回避・削減できれば，その量に応じてインセンティブ（報奨）をクレジットや資金などの形で得られるという仕組みを，2009年末のCOP15までに作るというものである（図9.6）．つまり，これまで直接的な収入に結びつかなかった森林の保全や管理に対して，経済価値をもたらすような仕組みを作ることにより，森林での伐採木材の生産や農地への転用を防止し，CO_2の排出を抑えようというものである．このREDDの仕組みは森林減少・劣化が進んでいる途上国に歓迎されているが，森林減少・劣化の把握方法や排出削減量の推定手法といった技術的問題や，インセンティブの与え方，各国のガバナンスの問題など実行上の問題がまだ山積みの状態であり，今後，国際的議論の中で解決策を見つけていかなくてはならない．

現在，森林総合研究所ではこのREDD問題を重視しており，リモート

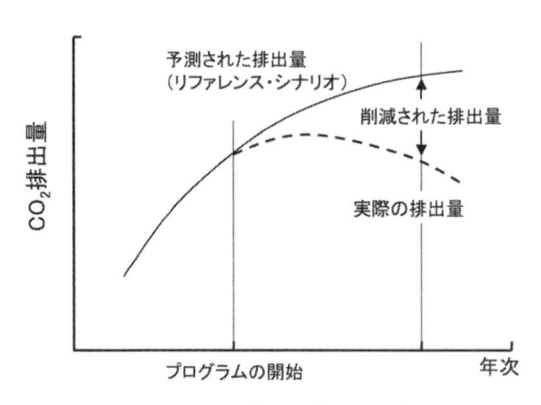

図9.6　途上国における森林減少および森林劣化による
　　　　排出の削減（REDD）の概念図
　排出削減プログラムが無い場合の排出量の変化を予測してリファレンス・シナリオとし，プログラム実施後の実際の排出量とリファレンス・シナリオとの差をプログラムによる排出削減量とする．

センシングによる森林減少・森林劣化による排出量および排出削減量の推定手法の開発や，適切な実行をもたらす制度の提案など，REDDに関わる研究プロジェクトを進めるとともに，国際交渉の支援を行っている．REDDは，途上国を対象とした緩和策であるが，それに関わる技術開発や途上国の能力開発など，わが国が果たすべき役割は極めて大きい．近年，福田ビジョン（福田 2008）をはじめとして，わが国の省エネ技術による世界の排出削減への貢献の可能性について叫ばれているが，森林分野においても貢献の対象は国内だけに留まらないことを認識すべきである．

7. 森林の多面的機能との調和

もちろん地球温暖化は重要な問題ではあるが，個人的には，森林のCO_2の吸収機能だけが注目され過ぎているのではないかという懸念を持っている．森林には吸収機能だけではなく，木材資源の供給，生物多様性の保全，国土保全，水資源涵養といった多様な機能を持つ．これらの調和の中で森林の地球温暖化への貢献を実現していくことが重要と考える．

そのためには，気候変動枠組み条約と京都議定書という吸収量を重視する枠組みだけではなく，生物多様性条約や国連森林フォーラムといった，他の枠組みとの連携を重視するべきだろう．特に森林減少の削減は，生物多様性保全や持続可能な開発と密接な関係を持ち，これらを連携させるための話題となり得る．起動力を持つ京都議定書の枠組みを中心に，森林に関する多様な枠組みを連携することにより，全体として多面的機能を考慮した持続可能な森林管理が実行される，といった姿を期待したい．

8. おわりに

以上，地球温暖化への森林分野の貢献と日本の現状，そしてREDD問題について概説した．温暖化緩和に対する森林分野の貢献の潜在量は地球規模では大きいものの，わが国に関してはごくわずかと捉えられてしまうかもしれない．しかし，それは森林の重要性が低いわけではなく，わが国ではいかに化石燃料由来の温室効果ガスの排出が大きく，排出削減が重要であるかとい

うことの裏返しでもある．

　現在，COPをはじめとした国際的な議論は，先進国の森林吸収源の算定手法とREDDに集中している．特に，REDDについては次期枠組みの構築に向け活発な議論が進んでおり，その動向に注目する必要がある．これらの問題では森林分野に関わる科学技術だけではなく，社会，経済，制度といった社会科学的なアプローチの重要性をあらためて認識するものであり，両者の連携による問題解決が求められている．

引用文献

エドウィン宮田 他　2005．アメリカ合衆国における森林火災について（I），山林 1452：23-37．

FAO 2006. Global Forest Resources Assessment 2005, FAO.

福田康夫　2008．福田内閣総理大臣スピーチ「低炭素社会・日本」をめざして，http://www.kantei.go.jp/jp/hukudaspeech/2008/06/09speech.html．

IPCC 2003. IPCC Good Practice Guidance for Land use, Land-use change and Forestry, IGES.

IPCC 2007a. Climate Change 2007-The Physical Science Basis. Cambridge University Press.

IPCC 2007b. Climate Change 2007-Mitigation of Climate Change. Cambridge University Press.

Natural Resources Canada 2007. Is Canada's Forest a Carbon Sink or Source ?, http://cfs.nrcan.gc.ca/news/544.

日本国政府　2007，京都議定書3条3及び4の下でのLULUCF活動の補足情報に関する報告書．

温室効果ガスインベントリオフィス　2007．日本国温室効果ガスインベントリ報告書，国立環境研究所．

外崎真理雄・恒次祐子　2008．地球温暖化防止と木材の利用，木材工業　63(2)：52-57．

R. H. Kelly, W. J. Partonb, G. J. Crockerc, P. R. Gracedd, J. Klire, M. Korschensf, P.

R. Poultong and D. D. Richterh 1997. Simulating trends in soil organic carbon in long-term experiments using the century model. Geoderma, 81 (1-2) : 75-90.

UNFCCC 1997. Kyoto Protocol To The United Nations Framework Convention On Climate Change.

UNFCCC 2001. Decision 11/CP. 7 Land use, land-use change and forestry.

第10章
炭素貯留源としての木材の役割と持続的・循環的な国産材利用

川井 秀一
京都大学生存圏研究所

1. はじめに

　世界の森林面積がさらに減少し続けていることが最近の国連食料農業機関（FAO）の報告（2005）で明らかになった．温暖化を初めとする地球環境の劣化も昨今の猛暑・酷暑を経験し，極域の生態系の急激な変化等を報道でみると，すでに待った無しの状況にあることが実感される．一方，資源・エネルギーの枯渇はこの獲得競争の激化を招き，石油価格の高騰のほか，世界の木材市場においてもロシアの原木への大幅な関税措置等，資源の囲い込みが鮮明になってきている．

　国内ではバイオマスエネルギーやバイオ燃料が注目されているものの，マテリアルとエネルギー分野への林地残材・未利用材や解体材の適正配分の仕組み，リサイクルのあり方等について十分な議論と社会的な合意形成はなされていない．サーマルリサイクルの進展に伴い，前者が大きな圧迫を受け，木質ボード類の原料不足状態が続いている．

　さらに，温暖化抑制に向けた京都議定書では日本の二酸化炭素排出削減を6％（1990年ベース）と定め，このうち約2/3に当たる3.8％は炭素吸収源としての森林の役割に期待している．このため，間伐等の国内森林の保全整備に伴い出材が期待される国産材の加工・利用が注目されている．

　このように森林と木材に関わる問題が多面化し，複雑化しているものの，広く市民の注目を浴びたことは近年無かったように思われる．われわれの

日々の暮らしを振り返ると，かつては大変身近にあったスギ材・ヒノキ材を見ることが少なくなり，里山から薪炭材を採ってエネルギーとして使うこともほとんど無くなっている．森は物質的にも，また精神的にも日本人にとって遠いものになりつつあるなか，森林が環境保全に，また木材が低二酸化炭素の炭素社会の実現に不可欠の存在であることが改めて認識され始めたことは大変重要で，好ましい変化である．

本稿では，炭素貯留源としての木材の重要性と国産材の持続的，循環的利用に向けた2,3の取り組みを紹介する．

2．わが国の木材需要と森林蓄積

半世紀にわたるわが国の木材（用材）需要を俯瞰すると，図10.1に示されるとおりである．昭和30年（1955年）以降，いわゆる高度経済成長に伴う工業化社会への発展期においては木材需要はほぼ直線的な増大を示すが，48年（1973年）をピークにその後は緩やかな減少に転じている．昭和48年の年間需要は原木換算で約12,000万 m^3 であるのに対して，平成14年（2002年）のそれは約9,000万 m^3 であり，この需要量は最近の10年間であまり変化していない．

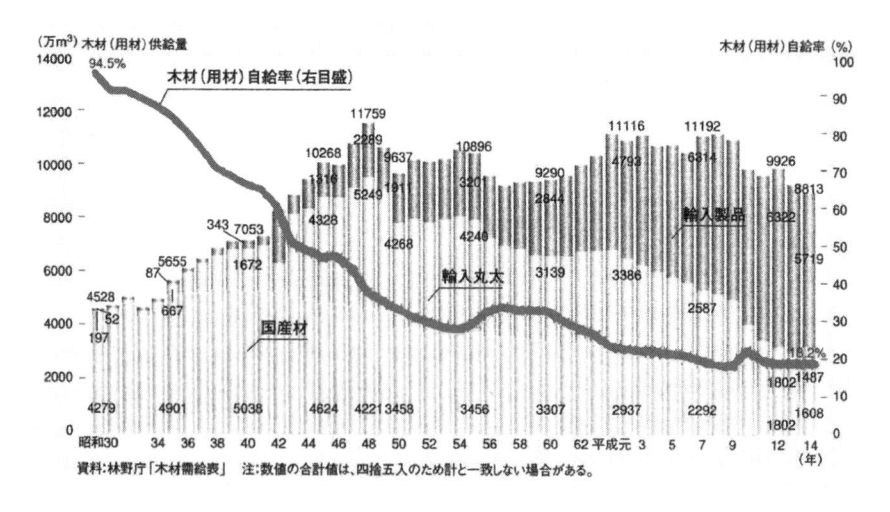

図10.1　日本の木材需給の動向

しかし，国産材の生産・供給は1960年代の5,000万 m^3 をピークに，2000年代には1,700万 m^3 まで減少している．自給率もまた昭和30年（約95％）以降ほぼ一貫して減少し続け，今では20％前後まで低下している．昭和48年までの需要増を原木の輸入によって補い，以後木材製品の輸入が主流となり，国産材の生産は半減している．このような木材需給の構造変化の要因として，価格と質量両面の安定した木材生産のための林業の構造改善の遅れなど生産側に起因するものと美観から性能重視の木材需要の変化など住宅産業や消費者側によるものがあげられる．さらに，1985年のいわゆるプラザ合意に始まる一連の円高誘導が輸入材の相対的な価格優位を導くなど社会経済的な要因による影響も大きい．すなわち，国内林業は柱仕立て中心の戦後の針葉樹（スギ・ヒノキ）の一斉拡大造林により 1,000万 ha 以上の人工林面積を達成したが，造林木とくにスギ並材の利用拡大が十分に進まなかった．1970年代以降の木材輸入自由化政策やプラザ合意（1985年）による円高ドル安誘導など市場経済原理のもとで，国産材が価格，供給，品質面の総合的な国際競争力を失った．素材価格は，ピーク期の1980年には約 37,200円／m^3 であったものが，2004年には約 14,700円／m^3 に，一方，素材生産費は約 8,700円／m^3 から約 6,900円／m^3 へと低下したが，素材価格が40％にまで下落したのに比べると，素材生産費は82％に留まっている．この間，森林所有の手取りと考えられる立木価格は，約 26,600円／m^3 から約 5,800円／m^3（22％）と最も大きな圧迫を受けている[1]．この結果，わが国の林業は大きな衰退を招くことになった．

これまでの柱仕立て，美観を重視する住宅から，耐震・耐火・居住性能など品質・性能重視の住宅への需要の変化に対し，国産材の（製材）利用加工分野における技術的対応が遅れてきたことも大きな原因のひとつである．この間，林産業は，南洋材，北米・北洋材，さらには欧州材に代表される海外からの輸入材を原料にした加工技術を基盤にして発展したが，林業は相対的に高くなった素材生産コストを吸収する技術ならびにシステム開発が遅れ，林業と林産業の乖離はますます大きくなっている．

しかし，戦後の拡大造林が 1,100万 ha に及び，国内の森林資源は比較的若

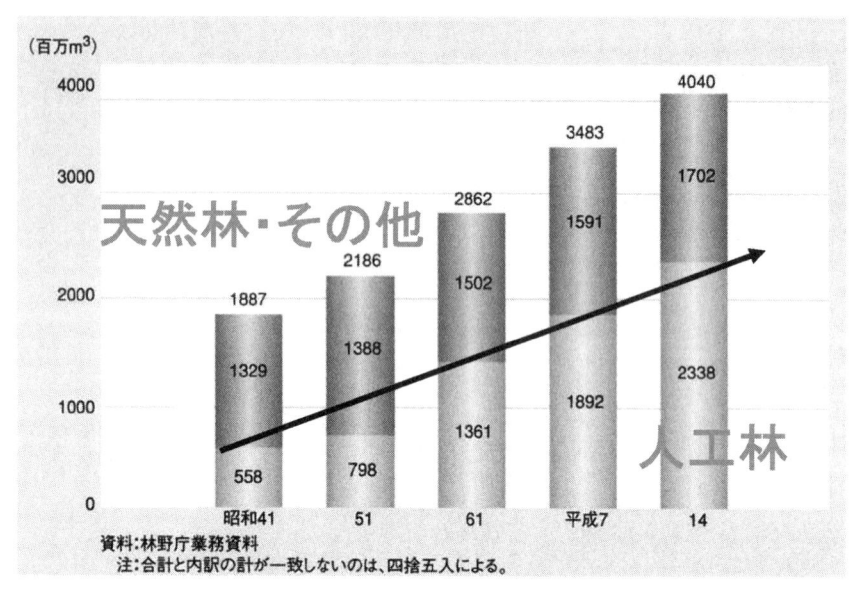

図10.2　日本の森林蓄積の推移

齢の人工林の成長による蓄積が増加し，40億 m^3 に達している（図10.2）．国内の森林資源の年間生長量は量的には木材需要量をほぼ賄うことができるので，持続的な木材生産が基本的に可能であるにも関わらず，これを十分活用できないで，輸入材に80％を頼る需給構造は資源自立の点からも好ましい状態とは言えない．そのうえ，林業が停滞し，間伐等の森林施業が遅れることによって森林の荒廃が目立つようになり，森林のもつ環境保全機能にも深刻な打撃を与えている．

3．京都議定書と炭素貯留源としての木材

2005年2月に発効した京都議定書によると，わが国の二酸化炭素（CO_2）排出削減の達成目標は6％（1990年ベース）である．その内訳は森林による二酸化炭素吸収が3.8％，省エネ対策による排出源抑制が2.2％であり，前者の依存がはるかに大きい．しかし，森林による吸収量の確保には，新たな植林や下草刈り・徐伐・間伐などの森林整備が算定条件になっている．わが国に

は新たな植林を施す余地は無いので，間伐等の森林整備が補助事業によって進められている．しかし，年間の間伐面積は25万ha程度であり，必要量の半分であるのが現状である．加えて間伐材の利用は合板原木需要が急増しているものの，未利用材・林地残材は600～900万m^3に及んでいる．

森林と共に木材製品が炭素を貯留していることは，あまり実感として知られていない．乾燥木材の製品重量の約半分は炭素から構成されている．たとえば，床面積100 m^2の木造住宅に使われている木材製品の平均材積は20 m^3と見積もられるので，木材の密度を400 kg/m^3とすると，4 C-tonの炭素が貯留されている．これは二酸化炭素換算で15 CO_2-tonに相当する．住宅に使われる木材製品の炭素貯留効果は，図10.3に示されるように，極めて大きく，森林全体の炭素蓄積の18％にも相当する．

しかし，京都議定書では伐採木材製品（Harvested Wood Products, HWP）の取り扱いについて暫定的にデフォルト法が採用されている．このため，第1約束期間（2008～2012年）では木材製品の炭素貯留効果が認められず，森

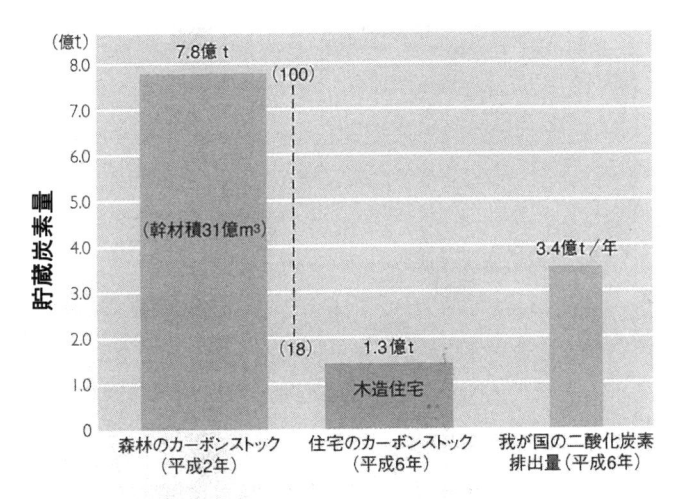

図10.3 わが国の森林および住宅に貯蔵されている炭素量

林からの木材伐出を二酸化炭素排出と見なすために，木材利用に十分なインセンティブが働かない仕組みになっている．第2約束期間でこれを是正すべく2008年末より議論が本格化し，2009年のCOP15で決定される予定である．

大気中の二酸化炭素を削減するためには，森林面積の拡大や劣化した森林の回復などにより森林炭素蓄積量を増加させることが経済面からも最も有効な手段であり，実現の可能性が高い．森林および木材中の炭素の蓄積とフローの基本概念を図10.4に示す[2,3]．森林は，伐採（H）などを行わずに放置されると最終的には二酸化炭素の吸収と排出が均衡するので，蓄積量が一定となり（$\Delta C_F = 0$），二酸化炭素を削減する働きが無くなる（NEE = 0）．持続的林業では生長量を下回る伐採を行うので，森林蓄積量は減少せず（$\Delta C_F \geq 0$），二酸化炭素削減が続けられると共に，持続的に木材が生産される（H > 0）．このようにして生産された木材製品が増加すること（$\Delta C_D + \Delta C_{IM}$ or $\Delta C_{EX} > 0$）は，生産林が大気中から吸収し，貯蔵した二酸化炭素を引き続き人間社会の領域に貯留するので，大気中の二酸化炭素の削減に寄与している．

したがって，二酸化炭素の削減には，森林と木材製品の炭素貯蔵（$C_F + C_D$

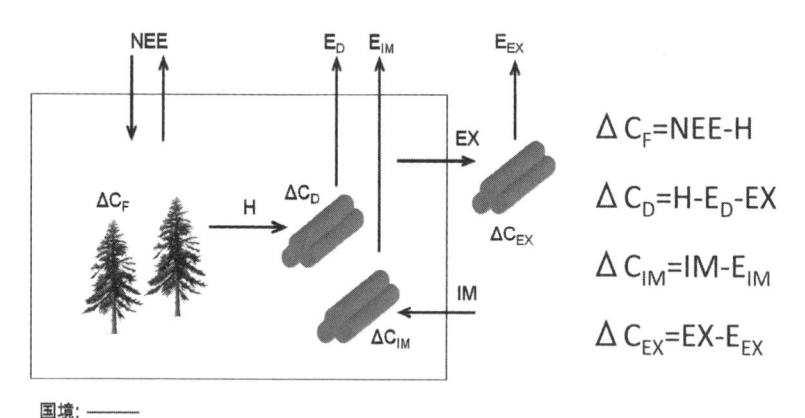

$$\Delta C_F = NEE - H$$

$$\Delta C_D = H - E_D - EX$$

$$\Delta C_{IM} = IM - E_{IM}$$

$$\Delta C_{EX} = EX - E_{EX}$$

国境: ―――

註　NEE: 森林の正味炭素吸収量、H: 伐採炭素量、ΔC: 炭素蓄積変化量、E: 炭素排出量、EX, IM: 輸出(入)炭素量、添え字F, D, EX, IM: 森林、国内の国産材、輸出(入)材

外崎真理雄: 伐採木材製品（HWP）評価手法、日本木材学会HP、2008年11月27日

図10.4　森林と木材中の炭素の蓄積とフローの基礎概念

$+ C_{IM}$ or C_{EX}) の和を最大にすると共に，森林の蓄積量増加と木材製品の増加をバランスよく行うことが重要である．このように大気中の二酸化炭素を減らすためには，健全な森林の面積を拡大し，その蓄積を増加させることや，長期耐久使用や材料リサイクルの拡大によって木造建築物など木材製品の蓄積量の増大を推進することが重要である．そのためには木材製品の炭素貯留効果を適正に評価することが大事である．

デフォルト法もまた蓄積変化法の一種と考えることができる．木材製品の蓄積変化がゼロ（$\Delta C_D + \Delta C_{IM}$ or $\Delta C_{EX} = 0$），すなわち，森林の蓄積変化のみを勘定し，木材製品については生産量と排出量が同じで，蓄積変化が無いと仮定しているからである．この場合，建築物など長寿命製品の増加や木材製品の蓄積増加が正当に評価されない．また，デフォルト法は，山に残される切り捨て間伐材を森林蓄積として評価する一方，間伐材の伐出・利用を排出と見なすので，むしろ負のインセンティブを与えることとなり，国産材利用の面からも大きな矛盾を抱えている．

現在，デフォルト法に替わる木材製品の炭素貯留の勘定方法として，大気フロー法，生産法（シンプルディケイ法も含む），蓄積（ストック）変化法などが提案されている．それぞれの勘定方法の得失は以下のとおりである．

① 大気フロー法は，大気の二酸化炭素の増減を直接評価する一方，フロー重視のために本来カーボンニュートラルである木材製品の廃棄に伴う炭素排出とカーボンニュートラルでない化石燃料からの炭素排出は同じであると見なすので，木材製品ストックの増減を明確に反映しない．大気フロー法では，吸収は常に森林を持つ輸出国に付けられ，輸入量以上の輸入材由来の蓄積増分がない（$IM > \Delta C_{IM}$）木材消費国にとっては輸入木材を使用するインセンティブが働かない．

② 生産法は，森林の二酸化炭素吸収が生じている木材輸出国の貢献を重視する一方，輸入材由来の蓄積変化は評価されない．このため，森林資源の乏しい国など木材消費国にはメリットが見出せない．伐採木材製品の炭素貯蔵量の増加に最も寄与するのは，木材製品を選択した最終需要者であり，温暖化対策のために努力した者が正当な評価を受けるべきと

の京都議定書の精神に反している．吸収自体は輸出国で生じているとの考え方もあるが，木材資源利用の特徴は木材消費が木材生産を促すことであり，木材生産が無い森林はいずれ成熟して，二酸化炭素をそれ以上吸収しなくなる（NEE = 0）．

③ 蓄積変化法は，国内のすべての木材（国産材＋輸入材）のストック変化を直接反映し，境界（国）内の木材ストック変化をすべて網羅できる．森林資源の乏しい地域でも木材利用拡大が温暖化対策として正当に評価されるので積極的に木材利用を促進し，木材製品の炭素貯蔵を増加させることにインセンティブが与えられる．一方，途上国で過度の伐採が進み，輸出に回されることが懸念される．輸出国において適正な森林管理が担保される仕組み作り，広義の森林認証制度や長期的利益に配慮した政策が必要である．

以上のように，新たに提案されている勘定手法もまたそれぞれ長所と短所があるが，境界（系）を地球と見ればいずれも同じ結果となる．しかし，境界（系）を現状のように国単位で区切ると木材輸出国と輸入国の利害が複雑に絡み，評価手法の選択は必ずしも容易ではないが，環境，経済，社会的に持続可能な木材利用を推進し，森林と木材利用の価値を最も高める木材製品の評価手法としては，蓄積変化法の採用が望ましい．森林資源の劣化が進行しているので，地球益を優先し，持続的な林業ならびに木材資源の自立・循環利用を推進したい．資源の維持，持続を重視し，長期的視点から省資源のための木材製品（住宅）の長寿命化，リユースやマテリアルリサイクルの技術開発をはかり，（森林＋木材）ストックを最大にすることが最も重要である．一方，森林資源は偏在しており，木材資源循環の流れを地球規模で大きくしていくためには，森林資源国における林業の経済的地位を高め，消費国に対し温暖化貢献の意欲を持たせることが必要である．

4．木材代替による省エネルギー効果

鉄やアルミニウムなど金属材料に比べ，極めて少ないエネルギーで製造できる木材製品は省エネルギー効果が高く，製造時に大量にエネルギーを使う

他材料製品を代替することによっても炭素の排出抑制に貢献できる．[4] さらに廃棄時にバイオマスエネルギーとすることにより，化石燃料の代替エネルギー効果を活かして化石資源の節約にも役立つ．また，これらの削減効果を有効に作用させるには，世界的規模での木材資源の循環利用の促進，すなわち，伐採木材製品の需要の増加が不可欠である．木材製品の増加は他材料代替が進むことを意味し，需要の増加によりエネルギー利用すべき残廃材量も拡大するからである．

図10.5はライフサイクルアセスメント（LCA）の視点からみた住宅工法別の単位平方メートル当たりのCO_2排出量を示したものである．木造の場合，木材，鋼，コンクリートの主要三素材からのCO_2排出量が，鉄骨造やコンクリート造に比べておよそ1／2であり，（廃棄時を除く）ライフサイクルCO_2の排出量がおよそ2／3となることがわかる．図には住宅棄却時のCO_2排出量が積み上げられていないので，厳密な意味では住宅のライフサイクルすべてを網羅したものではないが，一般に木造住宅の棄却に要するエネルギーは鉄骨造やコンクリート造に比して小さいと考えられるので，この点を考慮す

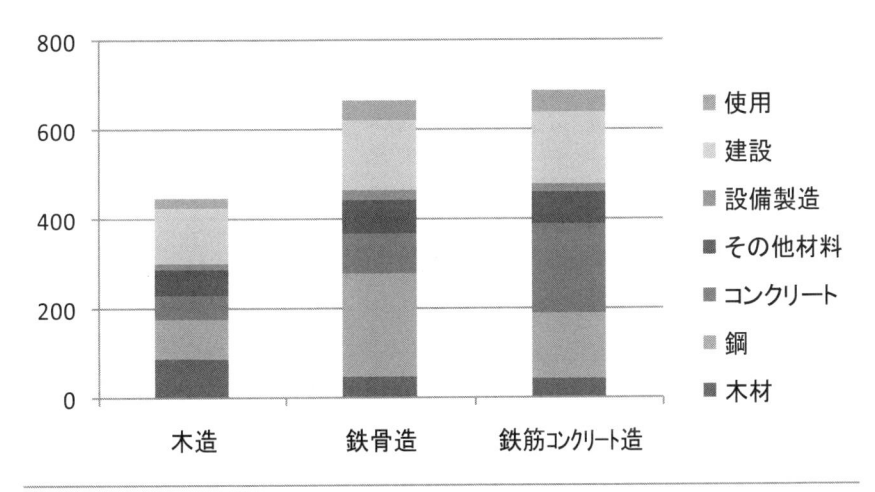

出典　日本建築学会：建物のLCA指針 環境適合設計・環境ラベリング・環境会計への応用に向けて 第2版、丸善 (2003)

図 10.5　住宅工法別のCO_2排出量

れば，木造住宅の優位性はさらに大きくなる．

5．国産材の持続的循環利用に向けて

（1）安定供給のための原木生産と流通の合理化

地球と地域環境を保全し，資源自立を目指す観点から，国産材利用が注目されている．そのためにはまず育った原木を山から下ろす仕組みが必要であり，次いで木を活かす技術が求められる．持続的な木材生産と効率的な加工利用の連携構築が必要である．

前者については，小規模な森林所有形態，複雑・多段階の流通など林業の構造的課題が原木の小規模生産や原木・製品（製材）の多岐流通に反映し，国産材の安定供給を阻んでいる．たとえば，私有林の場合，林家の保有山林面積をみると，5 ha未満が75％，10 ha未満までを含めるとほぼ90％に達している．専業林家は極めてまれであり，不在村化が進んでいる．このような小規模分散の森林所有構造を基盤に，年間素材生産量5,000 m^3以下の小規模素材生産業が84％を占めている．その労働生産性は3.2 m^3／人日であって，林業先進国であるスウェーデンやカナダの1／2～1／4，生産コストは2～6倍に達している[5]．

わが国の林業の再生を図るうえで，小規模・分散的な森林所有者の施業や経営の集約を図り，相当規模の事業量の確保と共に生産コストの削減を可能にして林産業への安定した素材供給を図っているフィンランドの森林経営システムは参考にすべきところが多い[6]．最近，わが国にも施業の団地化，集約化を試みている森林組合が現れ，注目されている．京都府日吉町森林組合（南丹市）である．現在，取り扱われている森林面積は9,000 haとまだ小規模ではあるが，組合員である森林所有者の森林状況を正確に把握し，森林管理と維持のための施業のコンサルティングと実施を担っている[7]．すなわち，間伐等の森林施業に際して，施業や作業道開設の内容，事業経費，補助金額，間伐材の販売・売り上げの見積もり等を定型的に記した「森林プラン」を森林所有者に提示・説明をおこない，その委託を受けるシステムを確立している．森林プランの作成に当たっては，現地を踏査し，作業道の開設箇所，間

伐本数，径級，材積，難易度などを詳細に調査する．そのうえで，森林所有者の負担を軽減するために，10～20ヘクタール単位の森林を団地化し，作業道の効率的な開設，施業の取りまとめを森林組合が行っている．同時に，プロセッサ造材，フォワーダ搬出等の高性能林業機械を導入し，低コスト造材と搬出を実現している．機械の稼働率を上げるためにも，施業の取りまとめ・団地化による年間作業計画の策定が重要である．今後，このような試みが広域化林業の取り組みと結合すると，計画伐採の実施が容易になり，労働生産性の向上を見込むことができ，原木販売や流通の合理化に結びつく．このような地域森林組合の取り組みが全国に波及し，林業の活性化が図られることを期待したい．

国産材の流通システムは複雑多岐にわたっている．素材生産後の原木流通や製材，乾燥，プレカット等各種の木材加工後の製品流通など，地域ビルダー，設計士，大工・工務店から一般消費者である施主まで，いくつもの市場や問屋，加工工場を経由している．原木流通については，素材生産規模を反映して取り扱い規模の小さい市場が数多くあり，その過半が2万m^3／年以下である[5]．したがって，これらの統合による規模拡大と原木のグレーディングによる仕分けや選別，配給機能などの市場機能の強化を図ることが課題である．

近年，IT技術を用いた木材情報取引システムの開発が試みられている．たとえば，原木やラミナ（挽き板）のインターネット等の電子取引では，寸法，精度，水分管理など，情報の標準化が必要になる．森林組合（山口県）の共販所が共同で一般並材を対象に原木のインターネット共販による電子入札システムを導入している．会員登録制であり，5つの共販所を一括して閲覧できるので，ロットをまとめることが容易になる．出荷者には伐採の計画化，伐採コストの削減に繋がり，地域の原木流通市場を連合市場として統一的に形成することで，集荷能力や品揃えの強化をはかり，原木市場経費の削減が可能になる．

そのほか，原木取引およびラミナ材の取引を現状の市場ニーズに対応できるよう柔軟な構造を持たせたバーチャルマーケットサイトの構築を目指した

システム開発も行われ，現在試行段階である[8]．すなわち，原木の出品販売，受注販売，注文購入，サイトからの購入のほか，同様なラミナ材の発注取引，ラミナ在庫材の取引など，山元の原木市場，ラミナ（製材）工場，集成材工場，合板工場などがネットワーク化され，原木・原材料流通の効率化が図られることになる．将来的には，登録制システムからオープンネットワークシステムへの展開が期待される．

（2）国産材を活かすための技術開発

新たな用途に向けた加工・利用技術の開発について，いくつかの開発事例を紹介したい．図10.6は，徐伐，切り捨て間伐の小径スギ材（図中①）を用いた緑化基盤材（寸法500×500 mm）の開発事例（青森県産官学連携）を示している．軽量で空隙率を高めた植物を育成するための固形土壌の製造に，22メッシュ（目開き0.71 mm）onの比較的粒度の粗いチップを調製し（図中②），軽量で，厚い（50 mm）パーティクルボードを効率よく製造する生産システムを開発し，植生基盤材の生産技術として実用化している．日産100 m^2の小規模生産プラントであるが，蒸気噴射プレス法を採用して2分間のプレス時間でモールド成形をおこなっている（図中③）．このプロセスにより，密度200〜230 kg/m^3程度で，空隙率85％の植物育成用基盤材が完成する（図中④）．

この植生基盤材は吸水率410％，保水性（易効性有効水15〜21％），透水性，通気性，空隙性（84％），硬度，pHなど土壌としての優れた性質を備えている．また，易施工性，軽量であり，生産から廃棄に至る低環境負荷性などを備えているので屋上緑化に適している．

2001年に東京都が屋上緑化を義務化したのをきっかけに主要都市のビル緑化が話題となっている．屋上緑化の効果は，ビルの断熱・保温，大気の浄化，景観の向上などのメリットがあり，都市のヒートアイランド対策に有効である．

森林の再生を都市の緑化に繋げる屋上緑化資材としての利用のほか，家庭用ガーデニング資材，雑草防止材，養液栽培用培地などの試行が行われてい

10 炭素貯留源としての木材の役割と持続的・循環的な国産材利用　197

図10.6　緑化植生基盤製造システムの開発

る．道路法面緑化や住宅断熱材など土木建築資材や中国内モンゴルの乾燥地の植林用緑化基盤としての適性についても検証が行われている．

　スギ材は二酸化炭素（NO_2），オゾン（O_3），ホルムアルデヒト（HCHO）など大気汚染物質の吸着機能に優れていることが見いだされている．図10.7は，光触媒材料の空気浄化性能試験方法（JIS R　1701-1：2004）に基づき，宮崎産飫肥スギ心材，木口面のO_3, NO_2, およびHCHOの浄化能力を示している．スギ材の大気浄化能力がO_3およびNO_2において著しいことがわかる．たとえば，後者のNO_2吸着能は光触媒空気浄化材のそれと同等以上であり，しかもスギ材の場合には光照射の有無に依存しない．スギ材の吸着効果は板目面よりは木口面においてはるかに優れ，含有水分の影響も大きい．

　このことはスギ材木口面が調湿機能にも優れていることを示唆している．事実，この材料の吸放湿応答性は極めて優れていることが判明している．またスギ材の大気浄化能力は辺材よりは心材において著しい．心材に蓄積されている抽出成分による反応と木材中の水分による反応との2つの機構が働いているものと推察される．

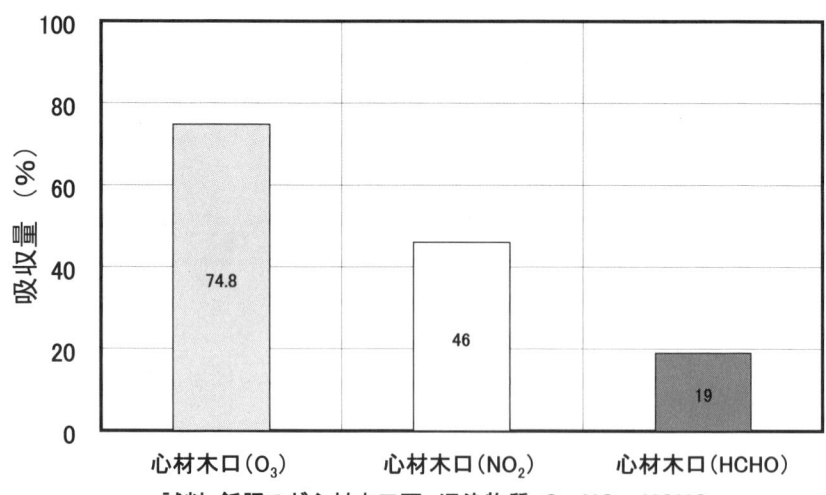

試料：飫肥スギ心材木口面　汚染物質：O_3, NO_2, HCHO
入口O_3濃度: 600 ppb. 入口NO_2濃度: 1,000 ppb. 入口HCHO濃度: 1,400 ppb.
通気線速度: 20 cm/sec. RT: 20℃. RH: 50%.

図10.7　スギ材の大気浄化機能

　このような大気浄化機能はスギ材に固有であり，他の針葉樹，広葉樹のそれと比較しても抜きんでている．学校教育施設や介護施設の内装材としてとくに有効であり，今後このような機能を最大限に活かす加工利用技術が求められる[9]．

　住宅については長寿命化と低環境負荷技術が重要である．前述のように，持続循環型資源として再生産可能な木質資源を基盤にした木造住宅の環境負荷は小さい．わが国の住宅の平均寿命は30年足らずであり，北米や欧州に比べて極端に短い．これは物理的な劣化により寿命が尽きたのではなく，ライフスタイルの変化に対応できないためであり，また安全，安心，快適など，求められる機能水準が高くなっているためである．このため，構造安全性や居住性能を高め，スケルトンインフィルやメンテナンス，リフォーム，リサイクル技術が必要となる．京都大学生存圏研究所では，低環境負荷・資源循環型木造エコ住宅のコンセプトをもとに，材料，構法，設計などの個別の要素技術を開発し，スギ材を用いて伝統的な構法に新たな技術を組み込んだ実験

実証住宅(総2階建て,約100 m^2)を建設している.現在,居住性の検証やシロアリや腐朽菌に対する耐久性,メンテナンスシステム,リサイクル技術の開発に取り組んでいる[10].主要な構造部材は林地で葉枯らし,その後に桟積み天然乾燥されたスギ製材であり,部材は通し柱(150 mm角),2枚合わせの挟み梁(20〜40 mm×240 mm)および平角サイズの梁(150 mm×240 mm)に標準化されている.構造の要となる接合には伝統的な肘木,くさびのほか,新たに開発されたスギ圧縮ダボ材が接合具に応用されている.(無処理)土台のスギ材は耐久性を高めるために基礎パッキンを介して布基礎に緊結され,全周換気が施されている.また,ステンレス金網や岩石粉砕物を用いた物理的な防蟻法が適用されている.

外壁には,工期の短縮を図るためにプレファブ化した土壁パネルのほか,落とし板壁を竹釘や圧縮ダボなど木接合具で留め,壁倍率3.0倍以上の耐力壁を形成した.床組構造は格子床システムを採用し,厚物(35 mm)スギ合板を下地に,1階は熱圧処理を施したスギ板材,2階は無処理のスギ板材を床

平成18年度京都大学生存圏研究所所内プロジェクト研究成果報告書
「低環境負荷・資源循環型木造エコ住宅に関する研究開発」より

図10.8　低環境負荷・資源循環型木造エコ住宅

板に使用している．完成した建物の外観を図10.8に示す．部材の再利用やリサイクル性に配慮した構造設計がなされると共に，スケルトンインフィル工法を採用して，家族構成やライフスタイルの変化に対応できる空間設計がなされている．

(3) 市民・消費者への普及・啓発

消費者への普及啓発など，積極的な働きかけも必要である．日本木材学会は，2004年4月に学識経験者，経済界，ならびに消費者団体，環境教育，マスコミなどの市民からなる「日本の森を育てる木づかい円卓会議」を主催し，同年11月に「木づかいのススメ」を公表した[11]．「木を伐ることは環境に良くない」という風潮のなかで，国産材を適切に利用することを通じて日本の森林の荒廃を防ぎ，環境を守ろうという提言を行った．「樹を植え育て，木を賢く使う」運動を提案し，シンポジウムや講演会を通じて消費者に働きかけてきた．幸い，京都議定書の発効（2005年2月）が追い風となり，この提言は徐々にではあるが市民・消費者に受け入れられつつある．この提言を機として日本木材学会に地球環境委員会が設置され，提言を実効あるものにするための検討がなされた結果，2006年12月に学会を母体とするNPO法人才の木が設立された．NPO法人才の木の設立記念シンポジウム「日本の木を使い，森と環境を守る」（2007年4月）では，市民・産業・地域からみた木づかい，森づくりをサブタイトルとして，作り手（林業），売り手（林産業，建築業），買い手（消費者）の連携のための仕組み作りを目指したコミュニケーションの重要性を明らかにした．その後も森林・木材と環境との関わり等に関するわかりやすく正確な情報提供やシンポジウム・エコツアーを通じて市民や消費者への啓発・普及活動を実践している．

なお，NPO法人才の木の詳しい活動は，同HP http://www.sainoki.org/ を参照されたい．

文献

1) 森林総合研究所編：森林・林業・木材産業の将来予測，（株）日本林業調査会

(2006)

2) 日本木材学会：提言書ならびに補足説明 ポスト京都議定書における「伐採木材製品の取り扱い」について，日本木材学会HP，2008年11月27日
3) 小林紀之：温暖化と森林 地球益を守る，p. 240-251，（株）日本林業調査会，2008年6月
4) ウッドマイルズ研究会：ウッドマイルズ研究ノート（その18），2008年3月
5) 林野庁：地域材利用の推進方向及び木材産業体制整備の基本方針（平成14年2月）
6) 梶山恵司：21世紀日本の森林林業をどう再構築するか，富士通総研レポート，No. 182（2004）
7) 湯浅 勲 編著：実践マニュアル 提案型集約化施行と経営，p. 30-48，全国林業改良普及協会（2007年7月）
8) （財）日本木材総合情報センター：平成20年度流通効率化システム開発・普及事業調査報告書（2008年3月）
9) 辻野喜夫，中戸靖子，畑瀬繁和，根来好孝，川井秀一，中村幸樹，藤田佐枝子，山本堯子，服部幸和：スギ木口の大気（NO_2, O_3, HCHO）浄化機能に関する研究，第49回大気環境学会年会（2008）
10) 小松幸平他：平成18年度京都大学生存圏研究所所内プロジェクト研究成果報告書 低環境負荷・資源循環型木造エコ住宅に関する研究開発，p. 1-34（2006年3月）
11) 日本木材学会：日本の森を育てる木づかい円卓会議提言書「木づかいのススメ」，日本木材学会HP（2004年11月）

シンポジウムの概要

日比　忠明
日本農学会副会長

　「地球温暖化問題への農学の挑戦」と題した本シンポジウムは，各専門分野の研究者による10題の講演を中心にすすめられたが，それらは本書では第1部：基本講演（以下に示す1の講演），第2部：地球温暖化による農林水産業への影響（同2，3，4，5，6の講演），第3部：農業分野での温室効果ガス削減への取り組み（同7，8，9，10の講演），としてまとめられている．以下にそれらの内容を中心に，シンポジウムの概要を記す．

　1．基本講演「地球温暖化への対処：緩和と適応」で西岡秀三氏（国立環境研究所）は，気候変動に関する政府間パネル（IPCC）の第4次報告書（AR4：2007年）以降，世界が急速に「低炭素社会」に移行する流れが出来上がったことを紹介した後，1）気候変化が加速されている，2）気候変化の原因は人間活動にある，3）対策を打ってもあと20年は温度上昇が続く，4）予測の不確実性は残る，5）気候変化の影響は甚大である，6）地球平均で2～3℃の温度上昇が許容限界か，という科学的認識から，温暖化への適応と早急な抑制が必須であり，その方策として，1）2050年までに二酸化炭素濃度を半減し，究極的には二酸化炭素の排出と吸収をほぼゼロエミッションにまでとどめる，2）日本も50％以上の削減が必要であり，短期的な適応策にとどまらず，早急に長期的な抑止策を進めなければならない，3）土地資源の重要性を再認識して，地産地消，旬産旬消などに努める，という具体策を示した．

　2．講演「水稲を中心とした作物栽培におよぼす影響と対応策」で長谷川利拡氏（農業環境技術研究所）は，気候変化が作物に及ぼす影響には，CO_2濃

度上昇による増収効果と，温度上昇による生育期間の短縮，呼吸量・高温ストレス・水消費の増加などがあるが，こうしたプラスとマイナスの影響の予測には大きな不確実性をともなうことから，圃場条件での実証試験が重要であると指摘した．温暖化環境での作物生産技術については，わが国では温暖化環境においても収量を向上させる技術選択が十分に可能であると示唆されているが，低緯度地域の国々では大きな減収が予測されていることから，気候変動に対する頑健性と生産性を併せ持つ生産技術を継続的に提供し続けることが農学の大きな挑戦であり，そのための国際的な研究ネットワークの重要性を強調した．

3．講演「地球温暖化が水産資源に与える影響」で桜井泰憲氏（北海道大学）は，数十年間隔で海水温の低温，高温期が変化するレジームシフトによる水産資源の変動について紹介した後，例えば，2050年に日本周辺の平均海面水温が2℃，2099年に4℃上昇するシナリオを採用すると，1)各種海洋生物の生活史を通した分布の変化，2)資源変動の主な原因となる再生産－加入過程に与える影響，3)個々の生物種が温暖化への適応として産卵時期，場所などを変える可能性，など海洋生態系内の変化を予想できることから，これらの予測モデルに基づいた生態系の多様性を保全した資源管理や予防的原則に基づく順応的資源管理が求められると述べた．

4．講演「農業におけるLCA」で小林久氏（茨城大学）は，LCA（Life Cycle Assesment：製品やサービスなどを対象に，資源採取から製造生産，流通，廃棄，リサイクルまでの全課程の環境影響を総合的に評価する手法）を農業分野に適応した分析事例として，1)有機農業と慣行農業の比較，2)バイオ燃料，3)普通米と無洗米の比較をあげ，LCAの有用性と問題点を指摘した．

5．講演「バイオ燃料生産と国際食糧需給問題」で伊東正一氏（九州大学）は，1)穀物価格の変動が原油価格の動向と連動している，2)現在の世界の人口65億人が2050年には90億人に増加すると予測されているが，食糧需要の拡大は作物種によって異なる，3)発展途上国における今後の増産は技術的に十分可能である，4)穀物をバイオ燃料に利用することは農作物の需要の拡大

と価格の上昇によって世界の農業の活性化に寄与する,と述べた後,世界の食糧増産の余力はまだ多く残されており,需要の拡大が増産の鍵となることから,アジアではコメによるエタノール生産も重要な課題であり,日本の役割も大きいと結論した.

6. 講演「バイオ燃料と食糧との競合と農業問題」で五十嵐泰夫氏(東京大学)は,前置きとして資源問題・環境問題における農学・農林業の重要性を強調した後,バイオエタノール生産のアメリカとブラジルにおける実状にふれた.前者は過剰コーンスターチの価格安定策という色合いが濃く,EPR(エネルギー利益率:できたアルコールの持つ燃焼熱と造るために使ったエネルギーとの比率)も1.3程度であるのに対して,サトウキビを原料とする後者では荒地の有効利用を促すとともにEPRも8~9と高く,将来,世界の全エネルギー消費の10%を賄い得るきわめて優れたシステムであるという.最後に演者らの多収量米からのエタノール生産システムの実証試験を紹介し,EPRの確保など今後の技術的課題を示した.

7. 講演「農耕地からの温室効果ガス排出削減の可能性」で八木一行氏(農業環境技術研究所)は,農業生態系からの温室効果ガス(GHG)排出が人為起源の排出量の13.5%を占め,特にメタンと亜酸化窒素(N_2O)は人為起源排出量の半分以上を占めているという現状を紹介した後,1)農耕地における炭素蓄積機能の向上には,有機肥料の投入,不耕起,輪作,カバークロップの導入などが有効である,2)水田からのメタン発生の抑制には,中干しなどの水管理,稲わらの堆肥化,土壌改良などの技術が効果的である,3)施肥窒素からのN_2O発生の抑制には,窒素施肥方法の改善設計,緩効性肥料や硝化抑制剤の使用が有効である,などの個々の具体的な抑制技術を示した.しかしながら,これらの抑制技術に関する経済性評価や政策的支援が乏しいために,抑制技術が実際の農業の場面に適用された事例はきわめて少なく,従って,この問題の解決のためには,農業生態系や地域全体を対象としたLCA評価を導入するとともに,特に削減ポテンシャルの高い発展途上国での対応を促すための国際協定が必要であることを強調した.

8. 講演「わが国での反すう家畜の消化管内発酵に由来するメタンについ

て」で永西修氏（畜産草地研究所）は，農業分野で排出されるメタンやN_2Oの中で畜産業に由来する割合は高く，また，メタン産生の抑制が飼料のエネルギー利用効率を改善することから，反すう家畜の消化管内の微生物発酵に由来するメタンに関して，その産生の機構や産生量の測定法を紹介した後，その抑制技術について，1) 給与飼料に脂肪酸カルシウムあるいはビール粕や生米ヌカなどの脂肪を多く含む食品製造副産物を添加する，2) 第一胃からプロトゾアを除去する，3) 精油によってメタン産生菌を抑制する，などの具体的技術を示した．

9. 講演「森林分野の温暖化緩和策」で松本光朗氏（森林総合研究所）は，地球温暖化に対する森林の貢献が，森林によるCO_2の吸収と森林から生産された木材の利用によるCO_2の排出削減という両面を持つことから，IPCCのAR4では，森林・木材による緩和策として，1) 森林面積の維持・増加，2) 林分レベルでの森林蓄積の維持・増加，3) ランドスケールレベルでの森林蓄積の維持・増加，4) 木材製品の活用，を掲げていることを紹介した．日本ではこの数十年間森林面積は維持されているが，増加の余地はなく，スギ，ヒノキ，カラマツなどの人工林を間伐など適切な森林管理で長期的に維持することが現実的であり，一方，建築物・家具の木造率・木製率を現状の35％から倍増させることも望ましいが，これには対応する政策の導入が不可欠であろうとのことである．また，COP（気候変動枠組み条約締結国会議）などでは途上国における森林減少・森林劣化に対する対策が議論されているが，実行上の問題が山積みの状態であるという．最後に，森林のCO_2吸収機能のみならず森林の多面的機能との調和を考慮した持続可能な森林管理が期待されると講演を締めくくった．

10. 講演「二酸化炭素貯留源としての木材の役割と持続的・循環的な国産材利用」で川井秀一氏（京都大学）は，1) 2005年に発効した京都議定書でのわが国のCO_2削減の達成目標は6％（1990年ベース）で，その内訳は森林による吸収によるものが3.8％，省エネ対策などの排出源抑制によるものが2.2％で，前者への依存度が高いが，間伐等森林整備の補助事業は必要量の半分も満たしていない，2) 一方，木材が持つ炭素貯蔵効果の重要性が認識される

ようになった，3) わが国では森林資源は成熟しつつあるにもかかわらず，木材自給率は現在20％にすぎず，輸入材依存の需給構造になっている，という現状を紹介した後，国産材の持続的循環利用に向けて，持続的な森林生産と木材加工・利用の総合システムの構築，林業と木材流通の構造改善，生産システムの合理化，新たな用途に向けての加工・利用技術の開発，木造住宅の改良，消費者への普及啓発などの諸対策について，演者らの実証例を交えて詳しく説明した．

　以上の講演をもとに総合討論においても種々の観点から活発な議論が行われた．結論的には，農林水産業の各分野では，地球温暖化に対して，例えば，農業では栽培する作物種を換える，あるいは新品種を育成する，漁業では的確な資源管理や養殖魚種の変更など，現在の技術によっても十分適応し得ると考えられるが，緊急に取り組まねばならない地球温暖化の抑制策については，農耕地からのGHG排出の抑制，バイオマスの利用，反すう家畜の産生メタンの抑制，間伐など適切な森林管理，木材資源の活用など，個々の技術はあるが，その実施にあたってはいずれも国内あるいは国際的な政策的推進力に依存するところが大きいのが現状である．しかしながら，農林水産業においても，国際的協力のもとに，こうした抑制策を打てるところから順次打っていかねばならないという共通の認識が得られたように思われる．

著者プロフィール

敬称略・あいうえお順

【五十嵐　泰夫（いがらし　やすお）】
　東京大学大学院農学系研究科博士課程修了．東京大学農学部助手，助教授を経て，現在東京大学大学院農学生命科学研究科教授，東京大学生物生産工学研究センター長を併任．専門分野は応用微生物学，環境微生物学．

【伊東　正一（いとう　しょういち）】
　テキサスＡ＆Ｍ大学大学院博士課程修了．現在九州大学農学研究院・教授．日本農業経済学会理事．アーカンソー大学客員教授．専門分野は農業経済学・国際食料需給政策論

【永西　修（えにし　おさむ）】
　京都大学大学院農学研究科修士課程修了後，農林水産省農業研究センター，同省北陸農業試験場を経て，現在独立行政法人農業食品産業技術総合研究機構畜産草地研究所畜産温暖化研究チーム長．専門分野は家畜栄養・飼料学．

【川井　秀一（かわい　しゅういち）】
　京都大学農学研究科博士課程修了後，同木質科学研究所助手，助教授，教授を経て，現在同生存圏研究所所長．専門分野の木質材料学．

【小林　久（こばやし　ひさし）】
　東京農工大学大学院連合農学研究科博士課程修了後，茨城大学農学部助教授を経て，現在同大学教授，

東京農工大学大学院連合農学科教授併任．専門分野は農村計画学，地域資源計画学．

【桜井　泰憲（さくらい　やすのり）】
　北海道大学大学院水産学研究科博士課程修了後，青森県営浅虫水族館魚類飼育リーダーを経て，現在北海道大学大学院水産科学研究院教授．専門分野は水産学，水産海洋学，海洋生態学．

【鈴木　昭憲（すずき　あきのり）】
　東京大学農学部農芸化学科卒業，現在東京大学名誉教授・秋田県立大学名誉教授，元東京大学副学長・元東京大学農学部長，元秋田県立大学長．専門分野は農芸化学，生物有機化学．2005年度文化功労者．

【西岡　秀三（にしおか　しゅうぞう）】
　東京大学大学院博士課程修了．旭化成工業，国立公害研究所（現国立環境研究所），東京工業大学大学院社会理工学研究科教授，慶応義塾大学大学院政策・メディア研究科教授，国立環境研究所理事を経て，現在国立環境研究所特別客員研究員．専門分野は環境政策，気候変動科学．

【長谷川　利拡（はせがわ　としひろ）】
　京都大学大学院農学研究科修士課程修了，博士課程中退後，九州東海大学農学部講師，北海道大学大学院農学研究科助教授などを経て，現在独立行政法人農業環境技術研究所主任研究員．専門分野は作物学．

【日比　忠明（ひび　ただあき）】
　東京大学大学院農学系研究科博士課程修了．農林省植物ウイルス研究所主任研究官，農林水産省農業生物資源研究所研究室長・企画科長，東京大学大学院農学生命科学研究科教授，玉川大学学術研究所教授を経て，現在東京大学名誉教授・法政大学生命科学部教授．専門分野は植物病理学，植

物バイオテクノロジー．

【松本　光朗（まつもと　みつお）】
　名古屋大学農学部林学科卒業後，農林水産省林野庁林業試験場（現，（独）森林総合研究所）入省，林業経営・政策研究領域林業システム研究室長等を経て，現在（独）森林総合研究所温暖化対応推進室長．専門分野は森林計画．

【八木　一行（やぎ　かずゆき）】
　名古屋大学大学院理学研究科博士前期課程修了．農業環境技術研究所研究員，国際農林水産業研究センター主任研究官，（独）農業環境技術研究所主任研究官を経て，現在（独）農業環境技術研究所上席研究員．専門分野は土壌学，生物地球化学．

〈学術著作権協会委託〉		
2009	2009年4月3日 第1版発行	
シリーズ21世紀の農学 地球温暖化問題への 農学の挑戦		
著者との申し合せにより検印省略	編 著 者	日 本 農 学 会
©著作権所有	発 行 者	株式会社 養 賢 堂 代 表 者 及川 清
定価 2000 円 (本体 1905円) (税 5%)	印 刷 者	株式会社 三 秀 舎 責 任 者 山岸真純

発 行 所 　〒113-0033 東京都文京区本郷5丁目30番15号
株式会社 養賢堂
TEL 東京(03)3814-0911　振替00120-7-25700
FAX 東京(03)3812-2615
URL http://www.yokendo.com/

ISBN978-4-8425-0450-6　C3061

PRINTED IN JAPAN　　　　製本所　株式会社三秀舎
本書の無断複写は、著作権法上での例外を除き、禁じられています。
本書からの複写許諾は、学術著作権協会(〒107-0052 東京都港区赤坂9-6-41乃木坂ビル、電話03-3475-5618・FAX03-3475-5619)から得てください。